JN149190

SDGs経営

の時代に求められるCSRとは何か

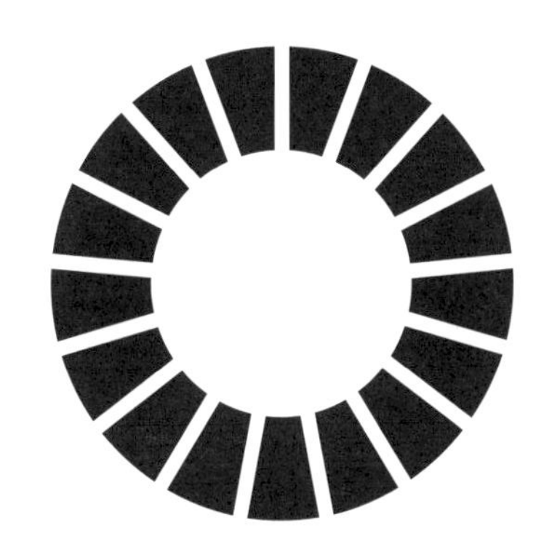

著者●関 正雄

第一法規

まえがき

SDGs（持続可能な開発目標）への関心が、国内外の企業の間で高まってきている。貧困をなくそう、気候変動との戦い、といったSDGsの17の目標をデザインしたカラフルな円形のバッジを身に着けている企業経営者の数も増えてきた。一方で、関心の高まりは冷静にみれば一部の現象にすぎず、本当にSDGsを理解して、しかも企業の事業戦略に組み込んでいる先進企業は実のところまだ数が少ない。

大ざっぱにいうと、①SDGsを理解して、経営戦略に組み込んでいる、あるいは組み込もうとしている企業、②SDGsを表面的に理解して、既に十分に取り組んでいると思い込んでいる企業、③SDGsを知っていて何かしようと思っているが、どうしてよいかわからずまだ手を付けていない企業、④SDGsを全く知らない、あるいは知っていても関心のない企業、という分類が可能かもしれない。

本書は、主に上記②、③、④の企業を想定して、そもそもSDGsをどう理解したらよいか、企業はどう取り組んだらよいか、CSRとはどういう関係にあるか、といった点について深く考えるうえで、役に立つものが必要ではないかとの思いから執筆を思い立ったものである。

もちろん、本書を企業人だけではなく、SDGsについて、SDGsと企業の役割について、あるいはSDGsとCSRの関係について、関心のあるすべての人々にも読んでいただけるものにしたいと考えた。SDGsとCSRはその本質を理解すれば、実は同軸であって大きな重なりが見えてくる。SDGs達成のための企業の役割を考えることは、社会における企業の存在意義を考えることであり、CSR経営を考えることだ。それはつまり、これからの企業経営のあり方を考えることだ。

本書の第１部では、SDGs そのものおよび SDGs 達成のために果たすべき企業の役割について、それらの本質的理解のために必要なことに絞って書いた。第２部では、第１部では取り上げられなかったこと、十分に掘り下げられなかったこと、第１部を補足する取り組みのヒントになることなどを、それぞれ独立した16のトピックの形式で書いた。

なお、本書の第２部のトピックスのうちいくつかは、日経産業新聞における連載記事および「CSR monthly」に連載した記事の中から選び、大幅な加筆修正を行ったものである。連載の機会をいただき、また転載につき快諾をいただいた日本経済新聞社および株式会社オルタナに感謝を申し上げる。

関　正雄

目次

第1部
SDGsの本質を理解する

序章　プロローグ

国連本部のビジネスフォーラム ～高まる企業のSDGsへの関心～

2017年７月、ニューヨークの国連本部ではSDGs（Sustainable Development Goals：持続可能な開発目標）に関するハイレベル・ポリティカル・フォーラムが開催された。

SDGsとは、2015年９月に国連で採択された、2030年までに達成すべき貧困・飢餓・教育・気候変動・生物多様性など、環境や開発に関するグローバル課題への取り組み目標である。そしてハイレベル・ポリティカル・フォーラムとは、SDGsに関する各国の取組進捗状況を共有し持続可能な開発を推進するための国連の会議体だ。会議の主役はあくまでも各国政府である。しかし、環境や開発に関する最近の国連会議で共通にみられるように、政府以外のステークホルダーが多数参加し、なかでも、企業の果たす役割に大きな注目が集まった。

そのことを象徴する出来事があった。ハイレベル・ポリティカル・フォーラムの一環として2017年７月18日に開催されたビジネスフォーラムは、SDGs採択後２回目の開催となったが、前年の第１回ビジネスフォーラムに比べてはるかに大勢の企業関係者が参加を希望した。第１回ビジネスフォーラムの参加者は300人。事務局は増加を見込んで、当初国連本部内に500人収容の会議室を準備したが、応募者が予想以上に多くてとても入りきらない。増え続ける参加申し込みに、２度、３度とより大きな会議室へと変更し、結局最終的に国連総会ホールで開催することになった。申込者数は1,500人に達したとも言われる[1]。国連総会ホールは、正面に国連紋章のある高い天井の壮麗な会議場で、国連本部ビルの中で最も広い会議場だ。全加盟国が参加して国連の最高機関である総会が開かれる、国連を象徴する会議場でもある。その有名な会場で、各国政府ではなく企業が主役のビジネスフォーラムが開かれたことには大きな意味がある。

国連総会ホールで開催されたSDGsビジネスフォーラム
（2017年７月　ニューヨーク国連本部にて（撮影は筆者））

第一に、これはSDGsへの世界中の企業の関心の急激な高まりを示すものだ。SDGsにどう取り組んでいったらよいか、世界の先進事例から学ぼうと考える多くの企業が、世界各地から集まった。また第二に、参加者は企業だけではなく、政府関係者、NGO、投資家、研究者など幅広い。企業をとりまくステークホルダーの、そして何よりも国連自身の、SDGs達成に果たす企業の役割への関心と期待の高まりをも同時に示すものであった。

1　2018年７月の第３回ビジネスフォーラムでは、参加希望者がさらに大幅に増えて4,000人にも達した。会場は650人しか入れなかったので、極めて「狭き門」となった。

国連が目標とする、平和・人権などの崇高な価値の実現や、貧困の根絶などというと、一企業の事業とは相当距離感のある遠い目標というのが、これまでの正直な企業の受け止め方だっただろう。10年前、いやほんの２、３年前でも、国連総会ホールでこれだけの規模のビジネスフォーラムが開催されるとは、誰も予想できなかった。

しかし昨今では、環境問題や貧困問題などはもっぱら政府や国連機関が対処すべきもの、という考え方は、もはや一般的ではなくなりつつある。むしろ企業が不可欠な存在として役割を果たしうるし、それは倫理的責任であるだけではなく、ビジネス機会でもある、という考え方が共通認識になってきている。その一つの表れとして、世界中の多くの企業が、自社の社会的責任報告書ないしサステナビリティレポートの中ではもちろん、事業戦略とその成果を業績として伝えるアニュアルレポートや統合報告書等の中でも、SDGsへの貢献を語るようになってきた。

国連総会ホールで丸一日続いたビジネスフォーラムでは、世界各地の企業が登壇して多くの先進事例が発表され、そこからヒントを得たい、深く知りたいという参加者からの熱心な質問が続いた。企業がこれまでにないプレゼンスを発揮し、大いに盛り上がった会議であったが、主催者として締めくくりのスピーチで夕刻に登壇した国連グローバルコンパクトCEO、リサ・キンゴー氏のメッセージは、場内に満ちる一種のお祭りムードを引き締めるものだった。デンマークの製薬会社、ノボノルディスクの副社長という経歴をもつキンゴー氏は、「SDGs採択から２年が経過して、ハネムーン期間は既に終わった。企業はもはやSDGsを語るだけではなく結果を出し、ステークホルダーに対して透明性高く実績を説明する責任がある」として、グローバルコンパクトとしてもそうした企業の報告に役立つ基準やツールを提供する、と述べた。

国連本部でのビジネスフォーラムで見られた世界の企業の関心の高まりは、日本国内でも同様だ。アンケートによれば日本企業の間で「SDGsに取り組んでいる、または今後取り組む予定だ」とする回答は7割を占める（2017年6月CBCC調べ）。17の目標をデザインしたカラフルなタイルのようなSDGsのロゴは、企業関係者の間で広く知られることになった。そして先進企業は、単なるブームとしてではなく、中長期的な事業戦略の構築・実践に不可欠な要素としてSDGsを経営に組み込み始めている。経団連もそうした流れを加速すべく、2017年11月に企業行動憲章にビジネスを通じたSDGsへの積極的な貢献を盛り込む大幅改定を行った。

●図表1―序―1　SDGsへの対応状況

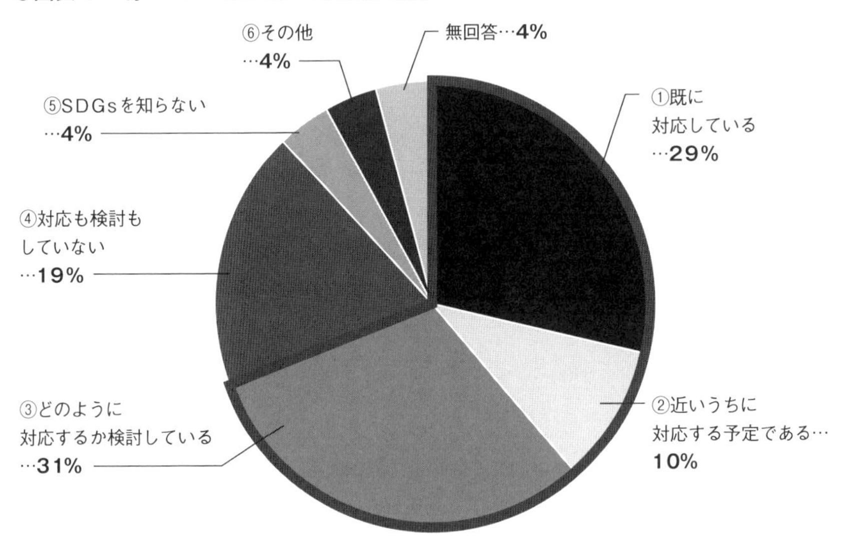

出典：「CSR実態調査結果」（(公社) 企業市民協議会（CBCC）、2017年6月）

世界中同時進行でみられるこのSDGsへの関心の高まりは、降ってわいたブームではないし一過性の現象でもない。2000年以降、続いてきた企業の社会的責任の展開の延長線上にあるものであり、今後ますます強まることが確実なグローバルな潮流である。SDGs をどう理解するか、どう企業経営に生かすか、という問いは、これからの時代の企業の社会的責任や、企業と社会との関係のあり方を考え、事業戦略を練るためのよい契機となる。本書ではそうとらえ、SDGs を手掛かりとして企業の社会的責任の本質と今後の展望を、さまざまな角度から考えてみたい。

ちなみに、こうした企業セクターの盛り上がりぶりに比べると、SDGs の認知は、まだ一般市民の間では広まっていないのが実状だ。2018年 2 月に実施された損保ジャパン日本興亜のアンケート調査によると、SDGs を全く知らない人が74%にのぼる。SDGs が企業の力だけでは到底達成できず社会全体で総力をあげて取り組むべき高い目標であることを考えると、この関心のギャップをどう埋めるかも、一つの大きな課題である。

CSR は死んだか

SDGs が世界中で関心を集め、企業関係者の多くが語るようになった一方で、CSR（Corporate Social Responsibility：企業の社会的責任）は死んだ、終わった、という声も聞こえてくるようになった。

これは SDGs の達成において、企業が本業での商品・サービス提供を通じて中心的な役割を果たすべきであり、事業戦略との一体化が必要だと強調される場合によく見かける言い回しである。そこには企業としての寄付や社員のボランティア活動など「本業ビジネスとは無関係の社会貢献としての CSR」はもはや時代遅れ、という考えがベースにある。

また、SDGs同様最近注目を集める、投資判断において環境（E）・社会（S）・ガバナンス（G）の視点を組み込んだESG投資においても、CSRに関する同様の表現がなされることがある。ESG投資は、第2部で述べるように日本国内においては長らく極めてニッチな投資手法であり続けたが、2015年に世界最大規模を誇る日本の公的年金基金であるGPIFが、ようやく国連責任投資原則に署名しESG投資に積極的に取り組む意思を明確にして以降、機関投資家の間で急速に広まり始めた。従来の財務報告・非財務報告を統合した新たな報告スタイルである統合報告書を発行する企業数が大幅に増加していることなどもあいまって、投資家の間でESGへの関心が高まっている。その反面、直接企業価値向上につながらない「CSR活動」を列挙したCSR報告書には全く関心がない、とする投資家の声を聞くことがある。

こうした傾向を見ると、ネガティブにCSRをとらえる理由は立場によって少しずつ異なっているようにもみえるが、根底には共通の理解があることに気づく。それは、CSRイコール本業とは関係のない社会貢献という理解に立っていることである。

しかし、本来のCSRの概念は決して社会貢献とイコールではなく、そもそも商品・サービスや事業プロセスにそして事業戦略に、つまり本業の中に組み込むべきものである。第4章で詳述するように、2010年に発行された社会的責任のガイダンス「ISO26000」において、政府、企業、労働、消費者、NGOなどが参画する5年間のマルチステークホルダー・プロセスを通じて合意した社会的責任の定義や、そしてそれをベースにしつつ欧州委員会が長年にわたる、これもマルチステークホルダー・プロセスを通じた対話の成果を盛り込んでつくりあげた2011年のCSRの定義、これら本来の定義が十分に浸透しないまま、本質的・体系的な理解を欠いたCSR の解釈や実践が一般化してしまったことは残念なことである。

確かに実態として、CSR に取り組む企業の中でまずは社会貢献活動に一番力を入れる企業が多いのは事実である。しかし、本来のCSR の定義は、企業が社会において果たす役割をもっと広くとらえており、よく CSR に対置する新たな概念として論じられる CSV（Creating Shared Value：共有価値の創造）も ESG もそして SDGs も、実はすべて CSR の概念定義の中に入っている。こうして、あるべき理想の CSR と現実の CSR とのギャップが大きく、企業の対応も先進企業とそうでない企業との間で二極化していることが、CSR に誤ったレッテルが張られ、次々に新たに出てくる 3 文字用語が CSR とどう違うのかわからないという、混乱を引き起こしてしまっているといえるだろう。

SDGs の理解についても同様の懸念がある。17の目標だけが独り歩きして、表面的な理解が広がっているのではないか。SDGs がこれまでに増して企業の役割に注目し、企業自身の取組意欲も、そして政府・投資家・NGO などステークホルダーからの期待も高まっている今だからこそ、まずはその本質の正しい理解にたって企業が何をすべきか考えることが必要だ。そしてそのことは、同時に CSR の正しい理解を促進するものとなろう。

なお、ここまで、既にお気づきのように SDGs や CSR、CSV、ESG などアルファベットの 3 文字用語が次々に出てきてしまっている。それだけでアレルギー反応を起こしてしまう向きも多いのではないだろうか。本書を通じてそれぞれの用語の意味は解説を加えていくが、そんなわかりづらい記号よりも「三方よし」のような「やまとことば」の方がしっくりするし、それでいいではないか、と言いたくなる気持ちもわかる。

しかし残念ながら、SDGs や CSR はグローバルな文脈で理解しないとその本質は見えてこないし正しい理解もできない。また、残念ながら適切な定訳のない言葉も多い。読者には、あらかじめその点をお断りするとともに、ご理解とご寛恕をお願いしたいと思う。

第1章　持続可能な発展とは何か

持続可能な発展の定義

そもそもSDGsでいうSustainable Development、持続可能な発展とは何か、ここで確認しておこう。持続可能な発展に関しては、ノルウェー初の女性首相であるグロ・ハーレム・ブルントラント氏が委員長を務めた、通称・国連ブルントラント委員会が1987年に発表した報告書"Our Common Future"（私たちの共通の未来）における定義が、定番として世界中に普及している。それは、「将来の世代の人々が自らのニーズを満たす能力を危険にさらすことなく、現状のニーズを満たす発展」というものである。

この定義には二つの必要条件が出てくる。まず前半の「将来の世代の人々が自らのニーズを満たす能力を危険にさらさない」とは、すなわち将来世代を犠牲にしないということである。例えば地球温暖化のツケを回したり、天然資源を使い尽くしてしまうようなことがないように、ということであり、将来世代に配慮した行動、地球環境に関する責任ある行動を要請していると考えればわかりやすい。

そしてもう一つ、後半には「現状のニーズを満たす」とある。これは一体何を意味するのだろうか。前半の環境の原則に比べると、持続可能な発展といったとき一般的には意識されることが少ないかもしれないが、この後半の原則は端的にいえば「貧困問題」の解決である。特に現状で満たされていない切実なニーズとは、水・食料・健康・教育・雇用など人間として尊厳をもって生きるために必要な基本的なニーズ（basic human needs）すら満たされていない、今なお数多い貧困層の発展のニーズ、と解釈すればわかりやすい。

つまり「持続可能な発展」とは言い換えると「環境」と「貧困」という、地球規模の大きな課題の解決を、どちらか一方のみではなく同時に行うような発展のあり方、と考えればよい。従って、よく誤解されるがこれは環境だけの原則ではない。環境に配慮しながらも貧困層の発展の権利を実現していく、二者択一ではなく二つの問題を統合的に解決するような発展をめざすものだ。ブルントラント委員会の正式名称も「環境と開発に関する世界委員会」であって、将来世代のニーズを損なわないだけではなく現世代内での満たされていないニーズをも満たす、社会的に公正な発展という概念を含んでいる。そしてまた、念のためにいえば、既にここまでの説明でおわかりのように、持続可能な発展は、時に混同される、単なる右肩上がりの成長が続くという「持続的な経済成長」とは全く意味が違う。

繰り返しになるが、その理念は、定義前半の「将来世代と現世代の間での衡平」と、後半の「現世代内における衡平」、この二つの衡平を同時に実現するというもので、根底には社会正義と人間尊重の考え方があるということを忘れてはならない。この点はSDGsを正しく理解するための鍵となる重要な点である。

もっとも、時の経過とともに、持続可能な発展の概念はジェンダー平等やディーセントワーク（働きがいのある人間らしいまともな仕事）など、SDGsの17の目標に見られる幅広いさまざまな要素を包含するようになり、多面性を増してきた。しかし、その中核的命題は「環境」と「貧困」、この２つの問題の同時解決であるといってよい。

環境問題の実相

環境問題の深刻さはさまざまな形で紹介され、私たちの目に触れる機会も多い。世界各地からひっきりなしに報告される昨今の異常気象や気象災害は、個々の具体的現象をすべて地球温暖化のためと断じることはできないとしても、地球温暖化の影響として科学者が予言していた内容と見事に整合する。「明らかにこれまでとは違う。しかも一過性の現象ではなさそうだ。既に大きな何かが狂い始めていて、今後ますます異変が加速するに違いない」と実感している読者も多いことであろう。私たちが手をこまねいていたらこの先どんな世界が待っているかは、世界中の第一線の気候科学者による研究成果の集大成であるIPCC第５次報告書[2]などに、科学的根拠とともに示されている。21世紀末までに予想される気温上昇は最大4.8℃、海面上昇は最大82cmとされ、ほかにも異常気象をはじめとする極端現象、大規模自然災害などが多発し、生態系・食料・水・健康など私たちの暮らしのあらゆる側面に後戻りできない多大な影響を及ぼすと警告が発せられている。それは「地球温暖化」などという微温的で生やさしいニュアンスのものではなく、重大かつ深刻な気候リスクであり気候の危機である。大げさではなく、人類の生存そのものに致命的なダメージを与えることが懸念されているのだ。

そして地球規模の環境問題として気候変動と同様に深刻なのは、生物多様性が急激に失われていることだ。「どうぶつ奇想天外！」という昔

2　国連の下部組織「気候変動に関する政府間パネル（Intergovernmental Panel on Climate Change）」によって発行された一連の報告書「IPCC第５次評価報告書」（2014年）

の人気テレビ番組でおなじみだった千石正一氏は、地球上の生物が次々に絶滅し生物多様性が減少している様を例えて「飛行中のジャンボジェット機のリベット（びょう）が少しずつ抜け落ちているようなもの。当面の飛行に影響はないが、いつしか空中分解して墜落する時がやってくる」と、わかりやすく説明されていた。国際的な環境NGOであるWWF（世界自然保護基金）の報告書によれば、1970年から2012年まで、つまりわずか50年にも満たない短期間で、代表的な脊椎動物種の個体数は、生息地の消失や劣化によって驚くべきことに何と58%も減少したという。人類が自然界から受け取っている恵み、つまり生態系サービスが静かに、しかし加速度的に劣化しつつあり、危機にさらされている。気候の異変に比べると、こうした生物多様性の喪失は現象として普段は目に見えにくいだけに、人々にその深刻度の認識を広めることは簡単ではなく、問題意識も共有されにくい。

普遍性を増す貧困問題

貧困問題も大きなチャレンジだ。世界銀行は2015年に、貧困を定義するための境界ラインを、2011年の購買力平価に基づき、それまでの1日1.25ドル以下から1.90ドル以下へと引き上げた。それでもなお、このラインを下回る人口は、2018年1月15日付の世界銀行ニュースによれば、世界人口の10.7%、7億6,800万人にものぼる。

貧困問題はこうした金銭所得面の問題だけではない。人々の生活に関するさまざまな欠乏の問題がある。例えば「水と衛生」に関する事情だ。ユニセフとWHOによれば[3]、世界では人口の約3割に当たる21億人が安全な水を自宅で入手できない。身近で衛生的な水が手に入らないため、例えば朝夕と1日2回、合計何時間も歩いて家族のために水汲みに行く途上国の子どもたち。当然学校に行く時間的余裕などはなく、教育を受ける機会も閉ざされてしまう。

トイレの問題も深刻だ。衛生的で適切なトイレを使うことができない人は世界人口の3分の1にも及ぶという。約9億人が屋外で排泄を行っており、そのために感染症などを起こして1日に800人もの子どもが下痢性疾患で亡くなっている。国連は2013年に毎年11月19日を世界トイレの日（World Toilet Day）と定めた。産業界でもこの問題に取り組もうと、2014年に世界で初めての、企業有志によるTOILET BOARD COALITION（TBC）というイニシアチブが立ち上がり、解決に向けて活動を始めている。ちなみにこのTBCの活動を2015年からCEOとして率いているのは、以前WBCSD（持続可能な開発のための世界経済人会議）事務局におられ、その後サステナブル・ビジネスやインパクト投資の分野で経験を積まれたスイス人女性、シェリル・ヒックス氏だ。ヒックス氏は、SDGsでも重要課題の一つであるこのトイレと衛生の問題に、ビジネスと投資の力、つまりマーケットベースの解決方法で立ち向かおうと、熱心に企業に参加を呼びかけ、加えてさまざまなステークホルダーを巻き込みながら取り組んでおられる。

国内の貧困問題にも関心が集まっている。代表的な先進国であるこの日本で、子どもの6人に1人は貧困状態におかれているという事実には、少なからぬ人々がショックを受け、心を痛めただろう。こうした貧

3　共同監査プログラム（JMP）報告書「衛生施設と飲料水の前進：2017年最新データと持続可能な開発目標（SDGs）基準（原題：Progress on Drinking Water, Sanitation and Hygiene: 2017 Update and Sustainable Development Goal Baselines）」（ユニセフ（国連児童基金）およびWHO（世界保健機関）、2017年）

困は、良質の教育を受ける機会を失うことを通じて再生産され世代を超えて受け継がれてしまう。以前は日本では環境問題への国民の意識が高く、それに比べると貧困問題への関心は低かったが、市民へのアンケートをとってみると、国内問題への関心は今や貧困が環境を上回るという結果も出ている[4]。「一億総中流社会」という言葉が存在したかつての日本とは様変わりした現実がある。

●図表１－１－１　SDGs17目標の中で、国内の「社会的課題」と聞いて連想するもの（一般市民向けアンケート調査）

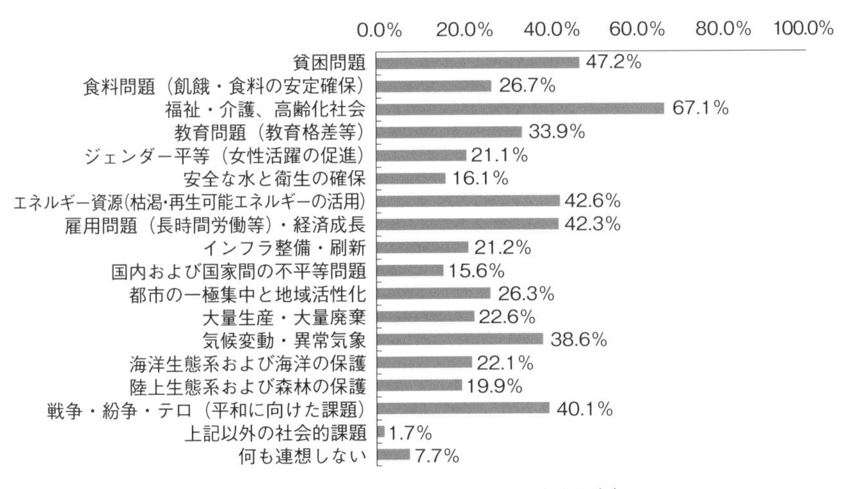

出典：「社会的課題・SDGs に関する意識調査」
（損害保険ジャパン日本興亜株式会社、2018年３月）

もちろん、途上国の貧困問題と日本のような先進国における貧困問題とは背景や文脈も異なる。後者は先進国それぞれの国内問題であると同時に、あらゆる国々を巻き込みながら進行するグローバリゼーションに伴う経済・社会構造や雇用慣行の変化などによってもたらされた、地球

4 「社会的課題・SDGs に関する意識調査」（損害保険ジャパン日本興亜株式会社、2018年３月）

規模の共通課題として深刻化しているものだ。そして貧困の普遍化とともに一方では経済的富の限りない集中傾向、つまり格差の拡大が世界中の関心を集めている。

この世界的な経済格差の拡大傾向に関しては、2017年に国際NGOのオックスファムによって紹介された衝撃的な統計数字がある。世界の大富豪上位8人が保有する資産の合計は、何と世界人口のうち経済的に恵まれない下半分にあたる36億人が保有する資産計とほぼ同じだったとする報告書だ。成長の果実が公平に配分される社会、誰も置き去りにしない包摂的な社会、がSDGsの基本理念であり、この格差の是正はSDGsにおいても強いメッセージの一つだ。

時間的・空間的視点を広げて考える

ローマクラブが既に1972年に報告書「成長の限界」で警告したように、人類が一つしかない地球に暮らすという前提を変えなければ、地球資源に限りがある以上、これまでと同じようなやり方で経済成長が未来永劫続くことはありえない。人口のねずみ算的な爆発的増加によって、1950年には25億人だった地球上の人口は、2017年には70億人を超え、2050年には100億人近くがこの地球上で暮らすことになると予想されている。そして前出のWWF（世界自然保護基金）の試算によれば、人類は既に地球にその許容限界を60%をも上回る負荷をかけてしまっていると言われる[5]。

5「生きている地球レポート2016（要約版）」（WWFジャパン、2016年）

●図表1－1－2　地球の許容量を超えた私たちの暮らし

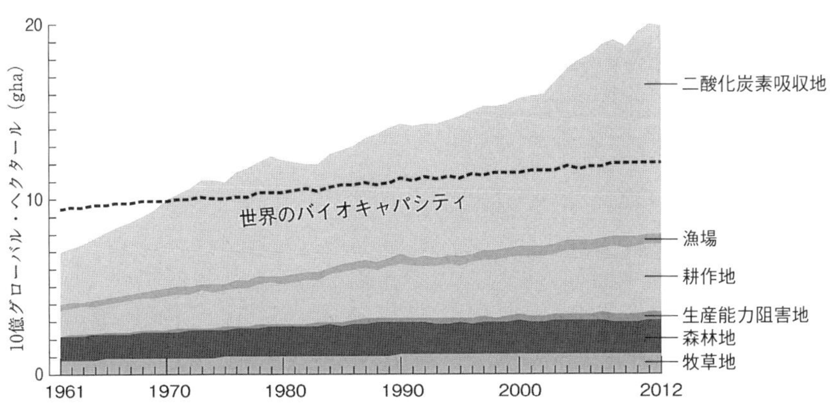

出典：「生きている地球レポート2016」（WWF ジャパン、2016年）

ローマクラブは、人口増によって経済が指数関数的な発展を遂げると地球上の資源は枯渇し環境汚染も深刻化して再生可能な範囲を超えるとして、成長の限界がやってくることをモデリングによる将来予測によって提示した。人類社会の未来に警鐘を鳴らしたのである。ところが、私たちの問題関心はとかく時間的にも空間的にも身近なところだけに向きがちだ。地球規模の課題や人類の将来のことまで深く考えることはしていない。ローマクラブは、課題解決のためにもっと視野を拡大することがまず必要だと訴えたが、その必要性は今も変わらない。

人は誰しも、今日や明日を生きることに精一杯で、自分と距離の遠い問題を考えたり行動したりする余裕がない、というのが実状だ。しかし、それを続けていると、やがてささやかな日常の幸せまでもが失われる日がいつか来てしまう、だから意識して視野を広げ考えてみよう、と呼び掛けたのが「成長の限界」だった。SDGs時代の今こそ改めて広く読まれるべき古典だし、私たちは今一度、この警告の意味をかみしめる必要があるだろう。

環境と貧困の統合的解決は可能か

貧困問題、とりわけ途上国における貧困問題の解決には、経済成長が欠かせない。しかしそれは地球環境に配慮し、かつ社会的に公正なすべての人に恩恵をもたらす包摂的な成長でなければならない。つまり経済、環境、社会の３要素の調和が必要である。こうして持続可能な発展を３つの要請、すなわちトリプルボトムラインという言葉で説明することもよく行われてきたし、わかりやすい説明である。筆者は2012年にリオデジャネイロで開催された、国連持続可能な開発会議（リオ＋20）に参加したが、会場の至るところで使用されていた会議のロゴはこの３要素をデザイン化してうまく表現していた。別の表現で、人（People）、地球（Planet）、繁栄（Prosperity）、いずれの頭文字もＰであることから「３つのＰ」という言い方もなされることがある。これも意味するところは同じだし、理解しやすく覚えやすい説明方法だ。

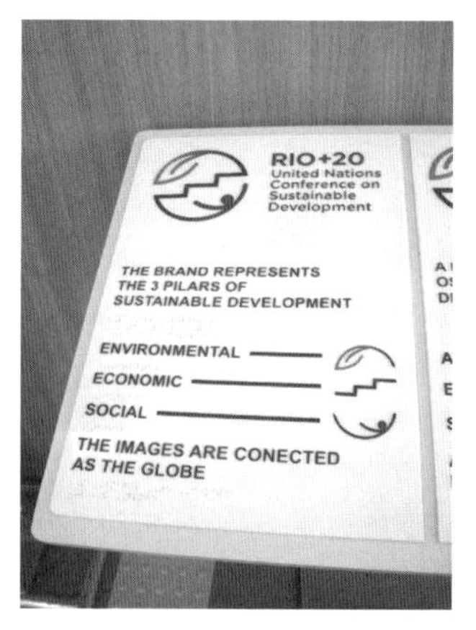

リオ＋20のロゴデザイン（2012年リオ＋20の会場にて（撮影は筆者））

しかし、現実問題としてこの3要素の調和、あるいは環境と開発の2つの課題の同時解決は果たして可能であろうか。環境に配慮すれば経済発展を抑制し貧困問題解決を犠牲にせざるを得ない、逆に貧困問題解決のために経済発展を優先させれば環境問題の解決は遠のく、そう考えるのが自然だ。

環境と開発、この2つを何とかトレードオフにしない方法はないものだろうか。両方のバランスを取るとか、適当なところで妥協するというのではなく、持続可能な発展の定義のとおり両方を同時に成し遂げるのである。この点に関して示唆を与えてくれる図がある。2010年にWBCSD（World Business Council for Sustainable Development：持続可能な発展のための世界経済人会議）が描いた長期ビジョン"Vision 2050"の中で示したものだ（Vision 2050は2021年3月にアップデート版が発表されている）。

●図表1－1－3　WBCSDのVision 2050

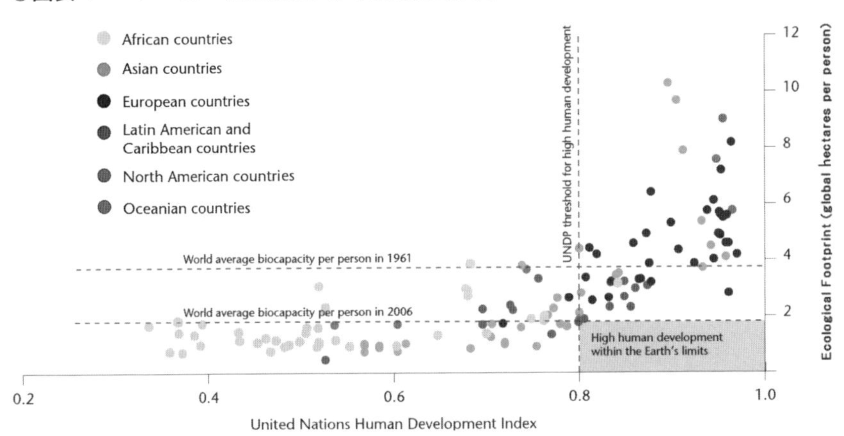

出典：WBCSD（2010）"Vision 2050 The new agenda for business"

図表1－1－3の縦軸は国民一人当たりのエコロジカル・フットプリ

ント、つまり環境負荷の大きさを表す。横軸は国連が定義する人間開発指数、つまり総合的な生活水準の高さを表す。各国の現状をこの二つの座標軸上にプロットしてみると、図の左下にアフリカなどの途上国が、右上には欧米や日本など先進国が分布していることがわかる。つまり相対的に、途上国は環境負荷が小さいが生活水準は低く、先進国はその逆で環境負荷をかけながら高い生活水準を保っていることが見てとれる。そして右下の網かけの長方形は、将来つまり2050年の時点では、各国がこのエリアの中にプロットされるように目指していくべき「高い生活水準と低い環境負荷」が両立した状態、いわば理想の「持続可能な発展が達成された状態」を表している。すべての国々が2050年に目指すべきゴールとそこへ向かう方向性が、シンプルな形でここに示されている。

途上国は、2050年に向けて、人々の所得増や医療・教育などの生活水準全般の向上を目指しつつも、現在の先進国がたどった道ではなく、環境負荷をかけない新たな発展の道を模索し実現する。一方で先進国は高い生活水準を維持しつつも、環境負荷を劇的に下げることによって、目標である右下の長方形入りを目指す。

とてもシンプルでわかりやすい図解だ。もちろん、理解は容易でも実現は簡単ではない。これを成し遂げるには小手先の対策ではダメで、社会・経済構造から人々の意識・価値観まで、大きくシステマティックな変化を起こす必要がある。それは決して容易なことではない。しかし、こうして大きな枠組みでとらえ踏み込んだ問題解決をしなければならない、ということに気づかせてくれ、議論の前提を与えてくれるこの図解には、大きな意味がある。

2050年に向けて、私たちの暮らすこの世界にはどんな変化が予測されるだろうか。WBCSDによれば、まず人口構成において、2050年には世界人口の85%は、現時点での途上国の人々となる。その中で都市への人口増が進み、現在よりも30億人、新たに都市住民が増える。ここから、何をしなければならないかが見えてくる。

まず第1に、長期的かつ大規模なイノベーション実現の必要性である。従来と同じ発展の方法をとったのでは、決して持続可能な社会は実現できない。特に重要なのは途上国の発展のあり方である。途上国は、とりわけ都市インフラなどのデザインに留意しながら、エネルギー分野での革新的な技術と政策等によって、貧困問題を解決し経済的豊かさを手に入れながら環境負荷を増やさない（経済成長と環境負荷増を切り離す、相関関係を断ち切る、という意味で「デカップリング」という言い方をする）ことが必要である。第2に、都市インフラなどは数十年はもつ。だから都市インフラの企画・デザインは先の話ではない。現時点で、企業は企画・設計段階から参加し提言していく必要がある。そうした求められるイノベーションを実現するためには、途上国に対して先進国政府はもちろんのこと、企業も持てる技術や経験を生かして積極的に政策提言を行って計画段階から関与していくべきである。実際に、WBCSDの事務総長ビヨン・スティグソン氏（当時）は、中国政府のアドバイザーとして同国の長期環境計画策定に関わった。そして第3に、もちろん先進国にもイノベーションは必要である。生活水準は維持ないしさらに向上させながら、これまでの延長線上にはない全く新しい社会をつくるくらいの大変革を成し遂げて、環境負荷を大幅に引き下げる必要がある。

これが、地球の許容量の範囲内で2050年に90億人超の人類が地球上でまともで人間らしい暮らしをするための唯一の道、としてWBCSDは提言した。そしてここからさまざまな政策提言を行うとともに、世界の産業界をリードする経済団体として、とりわけ途上国政府との対話に力を入れつつ会員企業の活動をリードし続けてきた。このVision 2050は、SDGsを実現するために何が必要か、そして企業の役割とは何かを理解するうえで、そのシンプルさゆえに、逆に豊かなインスピレーションを与えてくれる。

産業界を牽引するWBCSD

WBCSDについて、もう少し触れておこう。この団体の前身となるBCSDは、1992年のリオの地球サミットに産業界として対応しようと、地球環境問題に危機感を抱く世界の経済人有志によって設立されたものだ。1995年に現在の「持続可能な発展のための世界経済人会議」の名称になっている。

WBCSDは、環境問題やサステナビリティに積極的に取り組む世界の企業経営者が自主的に運営する団体である。活動のモットーは"Business solutions for a sustainable world"であり、課題解決志向で、時代の先を行く政策提言とアクションを続けてきた。そのため、この分野で世界的な信頼と評価を勝ち得ている。例えば、1996年に発行され今や日本も含め世界中に普及した環境マネジメントの認証システム、ISO14001の創設を提案したのはWBCSDだ。また、気候変動の国際会議COPでは、早くから産業界の声を代表する組織として、一貫して政策対話に積極的に関与してきた。2015年のパリ協定およびSDGs採択に至るプロセスでも、培った人脈と信頼度を活用して重要な役割を果たしている。また、SDGsの策定プロセスでは、産業界としての意見を述べることはもちろん、国連本部の事務総長室に人材を派遣して取りまとめ役としても一役買っている。さらに国連グローバルコンパクトなどとともに、企業のためのSDGs取り組みのためのガイドブック「SDG Compass」を開発し発行するなど、常に産業界のリード役を果たし続けている。

このように、WBCSDは環境問題にビジネスセクターとして最も早くから本格的に関わり、一貫してリーダーシップを発揮してきたグローバルな経済団体である。もともとは環境の分野で世界的に評価が高かったので、未だに環境分野の団体と思われがちだが、次第に開発・貧困など社会面でも研究と提言を重ね、持続可能な発展全般に関して多くの優れた活動成果を残している。

開発か発展か

ところで、Sustainable Developmentを本書では「持続可能な発展」と訳している。持続可能な開発という訳もあり、むしろSDGs国連採択文書の外務省仮訳など公式的には「開発」という訳の方が一般的だ。ではなぜ「発展」と訳しているかというと、その方が好ましいと考えるからである。「開発」と訳すと、外力を加えて力づくで「量的に」豊かにする、というニュアンスも出てくる。これに対して「発展」では、国や地域の人々自らの手で「質的な」豊かさを手に入れる、というニュアンスをそこに感じる。これは言葉の好みの問題であり、理論的根拠があるわけではない。必ずしもこだわる必要はないかもしれない。しかし、developmentを英文法でいう「他動詞」で考えるか「自動詞」で考えるかは、誰のための豊かさを誰がどうもたらすのか、という重要な問題を示唆していて、私たちはこの視点を大切にしていく必要があると考えている。ちなみに、社会的責任の国際規格ISO26000の和訳の際には、この問題を議論した結果、一律「持続可能な発展」に統一した経緯がある。

これまでなかなか広く浸透しなかった持続可能な発展という言葉。しかしSDGsが注目を集めるにつれて、昨今では実に多くの人がそれぞれの立場から異なる視点で使うようになった。それだけに一体何を含み何を含まないのか、さらに境界がぼやけわかりにくくなってきた。だからこそ、原点に立ち戻って理解を深めておくことが必要と考え、本章ではその基本要素となる環境と開発について考えてきた。SDGsの本質を理解するためにも、この点はしっかりと押さえておきたい。

「持続可能な発展」という概念は今後も発展し続けるだろう。しかし現時点でそれが何を意味するかを、SDGsは体系化された行動目標として明快に示した。「環境」と「貧困」という２つの中核課題を軸とした具体的な17の目標、169のターゲットとして明示され、世界中で共有されたことの意味は大きい。

第2章　国連目標に関与する企業

歴史的合意　SDGsとパリ協定

2015年は、将来地球と人類の歴史を振り返ったときに、あの年が転換点だったと言われるほどの重要な年だったと思う。将来持続可能な社会が実現したあかつきには、歴史の教科書にも掲載されるかもしれない。それほどインパクトがある、地球と人類のサステナビリティにとって画期的な年だった。その理由は、2つの重要な画期的国際合意、COP22パリ協定とSDGsの合意がいずれも国連においてなされた年であるからだ。だが、もちろんこれらの合意はこの年に突然生まれたものではない、長い国際的議論と交渉の積み重ねがあったのだ。

その歩みを見ながら、なぜ歴史的に見て画期的と言われるのか、二つの国際合意の意味を考えてみよう。その中で企業の役割の重要性が次第に認識され、また社会からの期待の中身が変化していくさまをも併せて述べたいと思う。これらの国連での議論や交渉プロセスは筆者自身としてフォローし、何回か国連会議にも参加する機会もあったので、個人的経験も交えて述べたい。

出発点となった1992年のリオ地球サミット

環境や持続可能性の問題を取り上げる国連の重要な会議は1972年のストックホルム人間環境会議以降、10年ごとに開催されている。なかでも、1992年6月3日から14日までブラジル、リオデジャネイロで開催さ

れた通称リオ地球サミットは、まさにこの分野の実質的なスタート地点、原点であり、最初の歴史の転換点とも言える重要な会議であった。

●図表１－２－１　持続可能な発展に関する主な国連会議

1972年	国連人間環境会議（ストックホルム会議）
1982年	国連環境計画管理理事会特別会合（ナイロビ会議）
1992年	環境と開発に関する国際連合会議（リオ地球サミット）
2002年	持続可能な開発に関する世界首脳会議（ヨハネスブルグ・サミット）
2012年	国連持続可能な開発会議（リオ＋20）

このリオ地球サミットでは、持続可能な発展に関する重要な文書として、持続可能な発展の基本概念や、「共通だが差異ある責任」「予防原則」など重要な基本原則をまとめた「リオ宣言」および実施手段に関する「アジェンダ21」が採択された。これらの文書に書かれたことは、SDGsにも脈々と受け継がれ、生きている。また、環境分野の二つの重要な国際条約、すなわち気候変動枠組条約と生物多様性条約の二つが採択された。いずれの分野でも、その後COP（Conference of Parties：条約締約国会合）が定期的に開催される。そして長い紆余曲折を経て、2015年の21回目会合となる気候変動のCOP21では、ついに史上初めてすべての国が参加する枠組み、パリ協定が合意に至ったのである。

リオ地球サミットというと、12歳のカナダ人の少女、セヴァン・スズキさんのスピーチが伝説的なスピーチとして名高い。メイン会議場であるリオ・セントロの檀上で、スズキさんは、深刻化する地球環境問題を自分たちの手で解決できない政府代表に向かって、熱を込めて訴える。「どうしたら直せるのかわからないものを壊し続けるのはやめてください」「言葉ではなく行動で示してください」と雄弁に語るスズキさんのスピーチは、会議参加者の政府代表たちがその演説に聞き入っている様子とともに、今でも動画をインターネット上で視聴できる。画像は決して鮮明とは言えないが、何度見ても12歳の少女の演説とは思えない力強さと説得力に富むスピーチはまさに伝説であり、見るものに感動を与える輝きを失っていない。

このスピーチがこれほど有名になったのは、もちろんスピーチ自体が素晴らしかったからであるが、背景に幅広い共感を呼ぶような時代の空気があったからでもある。リオサミットは二つの環境分野の条約を生み、後世に残る成果をあげて大成功した。その背景には大きな国際情勢の変化がある。第二次世界大戦後長く続いた東西冷戦が、1991年のソ連崩壊によって終結し、軍事的緊張の緩和は「平和の配当」として、環境や開発という、非軍事的分野の世界共通課題の解決に力を合わせていこうという機運の高まりをもたらした。その時代の空気の中での会議の成功であったし、スズキさんのスピーチが支持と共感を得たのである。

ちなみに、国連本部には組織として安全保障理事会と経済社会理事会の二つがある。いずれも人間の「恐怖」と「欠乏」の問題を国際協調によって解決しようとするものであり、その究極の目的は平和、自由、人権である。国連の組織図を眺めてみるとわかるが、国連憲章にあるこの国連の目的に沿って、安全保障理事会は国際平和と安全の維持を目的に活動し、経済社会理事会は経済、社会、環境、文化、人道分野の国際問題を解決することを使命とする。東西冷戦の時代は、圧倒的に軍事マター優先の時代であった。ようやく冷戦終結で国際協調の機運が高まり、一致団結して地球規模課題を解決しようと経済社会理事会マターが注目を集める時代となったのである。

リオ地球サミットと企業

リオ地球サミットには172か国の政府代表、国際機関、NGOなどが参加した。そして近年の国連会議に比べ人数は極めて少なかったものの、企業からの参加者もあった。

その数少ない企業人の参加者の中に、損保ジャパン日本興亜の前身である当時の安田火災社長、後藤康男氏もいた。私事になって恐縮だが、筆者は1992年当時は安田火災のシステム部門に勤務していた。そして、当時の後藤社長がリオ地球サミットから帰国したあとに直接聞いた話を覚えている。後藤氏は、システム部門の若手向けの社長講話の時に、熱を込めてもっぱらこのサミットの話をした。「君たち、サステナビリティという言葉を知っているか？『持続可能性』と訳すんだ」と語る後藤氏の姿は今でも鮮明に記憶に残っている。初めて耳にするサステナビリティという言葉、そして持続可能性という訳語も、それまで日本にない抽象的な概念でしっくりこなかった。しかし、妙に印象に残った。当時は普通、民間企業の社長の口から出るとは思ってもみない類の言葉だっただけに、ある種の新鮮さが印象の強さを倍加したのかもしれない。

後藤氏は、６月初旬という株主総会を控える時期に、現役の社長であるにもかかわらず、リオ地球サミットへの参加を熱望した。実は保険会社と気候変動は、関連性が強い。その頃既に気候変動によって大規模自然災害が長期的増加傾向にあり、将来は保険事業経営にも影響を与える可能性があると気づいていたので、地球環境リスクは社内でも研究し始めていた事実はある。しかし、そうした理屈よりも、関心をひかれ参加せずにいられない重要な会議だと感じたのは、何か後藤氏の企業経営責任者としての本能的な直感によるものだったのだと思う。いずれにしても、当時は今と違って、環境と開発をテーマにした国連のこうした会議に、民間企業のしかも現役の社長が参加することなど、とても考えられない時代であった。

後藤氏は、サミットで強い印象を受けて帰国し、早速社内に地球環境室を創設した。1992年当時、製造業では環境部が既に存在していたが、非製造業とりわけ金融業界で創設した例はなく、「なぜ？」と珍しがられたものだ。地球環境室は、保険リスクとしての研究段階から一歩踏み込んで、温暖化など地球環境問題に対処しその解決に取り組むための部署である。

また、後藤氏は社長講話などでたびたび「21世紀は目覚めた市民の時代になる」と力を込めて話していた。リオ地球サミットにはNGOが積極的に参加して、政府間合意を後押ししていた。国連での意思決定におけるNGOの果たす役割とその活躍ぶりに強い印象を受けた後藤氏は、その後若手社員を米国の世界的な環境NGOに出向させ、NGOが実際にどう動いているかを体験的に学ばせた。国内で日本NPOセンターが1996年に設立された時に、安田火災が真っ先に手をあげて法人会員第1号となったのも、このような下地があったからである。ちなみに、後藤氏はNPO／NGOという言葉はNonという否定語から始まるという理由で好きではなく、同義だが市民性を強調するCSO（Civil Society Organization）という言葉を好んで使っていた。

第1章で紹介した、WBCSD（持続可能な発展のための世界経済人会議）の原型となる組織（BCSD）が生まれたのも、リオ地球サミットがきっかけだった。地球サミットに企業としても対応しなければと考える企業人が、ステファン・シュミットハイニー氏の呼びかけによってサミット前年の1991年にBCSDの総会を開き、翌年の地球サミットに向けて策定した提言書が名著『チェンジング・コース』である。後藤氏やBCSDなど、現在に比べればはるかに少ないごく一部の先見性をもった企業人経営者のみが関心を寄せたに過ぎないが、持続可能な発展と企業という観点から見ても、1992年のリオ地球サミットは大きな転機となった重要な会議であった。

「チェンジング・コース」（※現在絶版のため、入手困難）
（ステファン・シュミットハイニー・持続可能な発展のための経済人会議、1992年）

なお、BCSDの提言の中に環境効率（eco-efficiency）という概念がある。環境に配慮して投入資源を最小化することが必要で、企業の環境効率を高めるためにも環境マネジメントの国際規格化が有効であるとして、1991年、BCSDはISOに働きかけた。この規格はのちにISO14001として1996年に発行され、世界中の企業に認証取得が広がることになる。

リオ＋20　増大する企業の関与

その後、1995年にBCSDが発展的にWBCSDとなって発足して以来現在まで、損保ジャパン日本興亜はWBCSD会員として、思いを同じくする世界の企業とともに活動を続けている。その間、20年後の2012年に再び同じリオの地で開催された「国連持続可能な開発会議」、通称リオ＋20には、筆者自身も参加する機会を得たが、20年前とは比較にならない企業の関心の高まりを目の当たりにした。関心分野も環境だけではなく開発・貧困も含めたまさにSDGsがうたう持続可能な発展そのものへと既に広がっていた。

リオ＋20では、国連グローバルコンパクトなどが主催する4日間のビジネスフォーラムに何と3,000人もの参加者が押し寄せて、120ものセッションが行われた。最終日の総括会議は、会場に入りきれない人たちのキャンセル待ちの長い列ができたほどである。しかも、もはや一般論としての企業の役割を論じるのではなく、世界中の企業が実際に手掛けている持続可能な発展のためのビジネス・ソリューション事例を共有する会議となった。筆者も上司である佐藤正敏会長（当時）とともに、保険会社としての自社の取り組みを参加者と共有するいくつかのパネルディスカッションに登壇した。会議の公式報告書[6]にも書かれているように、紹介された数々の先進事例は概して規模は小さく、いかにスケールアップするかが大きな課題であるものの、バラエティに富むショーケースの

6 UN Global Compact (2012) "Rio+20 Corporate Sustainability Forum Overview and Outcomes Summery Report"

ような各セッションは大勢の参加者で大いににぎわっていた。

リオ＋20の政府間会合そのものは、中南米諸国の提案でSDGsを策定することの合意がなされ、ポストMDGs（ミレニアム開発目標）の新たなグローバル・ゴールへの道筋がつけられたが、その他大きな会議の成果と言えるものは生まれず、低調だったと言われる。しかし、対照的に企業のプレゼンスは非常に高く、持続可能な発展に企業の果たす役割の重要性を世界中が強く認識する機会となった。リオ＋20の会議の公式成果文書「我々が望む未来（The Future We Want）」は、企業の社会的責任の重要性と、さらには企業がその取り組みを情報開示することの重要性にまで言及している[7]。CSRの歴史上、一つのマイルストーンとしてリオ＋20のもつ意義であり、リオ地球サミットとともに時代の大きな変化を告げるものであった。

また、企業の取り組むべき課題の範囲（スコープ）は、リオ地球サミットの時はもっぱら環境であり、しかもISO14001環境マネジメントの提案でみられるように自らの環境効率向上が主眼だった。しかし、スコ

---

7 「我々が望む未来（環境省　仮訳）」の46段落と47段落には次の記述がある（下線は筆者）。

46. 我々は、持続可能な開発の実施は、公的及び民間セクター両方の積極的関与に依存することを認める。我々は、民間セクターの積極的な参加は、官民パートナーシップの重要なツールを通じるなどして、持続可能な開発の達成に寄与し得ると認識する。<u>我々は、企業の社会責任の重要性を考慮に入れた持続可能な開発イニシアティブを、企業及び産業が前進させることを可能とするような国の規制及び政策枠組みを支援する。</u>我々は、民間セクターに対し、国連グローバルコンパクトによって推進されるような責任ある作業慣行（business practices）に従事することを要求する。

47. 我々は、<u>企業の持続可能性の報告の重要性を認めるとともに、必要に応じて、企業、特に上場企業及び大企業が、報告サイクルへの持続可能性情報の組み込みを検討することを推奨する。</u>我々は、国連システムの支援を受けた産業、関係政府、及び関連ステークホルダーが、既存の枠組みでの経験を考慮するとともに、能力開発を含む途上国のニーズに特別な注意を払いつつ、必要に応じて、ベストプラクティスのためのモデルを開発し、持続可能性の報告を組み込むための行動を促進することを推奨する。

ープは20年間で大きく拡大し、環境だけでなく持続可能な発展全般にわたって、しかも企業ならではの強みを生かし、商品・サービスやビジネスプロセスを通じて社会課題の解決策を提供することを期待されるようになった。SDGsにおける企業の果たす役割を考える際にも、こうした流れを理解しておく必要がある。

気候変動交渉の停滞と企業セクターの役割

次に、企業の役割の変化を、気候変動枠組条約に関する国際交渉過程に焦点をあてて見てみよう。ここでも大きな変化を遂げたことがわかるからだ。

リオ地球サミット以降、気候変動枠組条約締約国会議（COP）では1997年のCOP3で先進国のみに温室効果ガス削減義務を課す京都議定書が採択された。しかし米国はのちに議定書から離脱してしまう。米国を抜いて世界一の排出国となった中国と米国という、世界の排出量の半分近くを占める両国が参加しない不十分な国際枠組みの問題は、その後長い間解決を見ないまま時が過ぎていく。

気候変動の国際交渉においては、先進国と途上国の対立構造が基軸になってきた。その論拠となっていたのは、リオ宣言の第7原則に明記された「共通だが差異ある責任」である。環境と開発の問題は、先進国と途上国との間でどちらを優先すべきか、立場がぶつかり合う。確かに地球の温暖化の原因は主に産業革命以降の先進国の工業化によってもたらされた。途上国の寄与度ははるかに少ないし、途上国のこれから発展する権利は保証されるべきだ。この責任を先進国がどれほど負うべきか、また途上国が低炭素化に取り組むための資金を先進国がどこまで援助すべきか、といった点をめぐって交渉が延々と続く。会議中も、成果文書の中でも、「共通だが差異ある責任」というフレーズは数えきれないほど頻出した。

本来は、差異はあっても「共通の」責任であり、これまでの責任の差異を強調するよりは、将来に向けた責任の共通性により着目した議論にすべきだ。しかし、実際の国際交渉の場では、この原則が頻繁に援用されながら国益のぶつかり合いに終始して時は過ぎていく。それが端的に表れたのは、京都議定書約束期間後の新たな枠組みを協議する2009年のコペンハーゲンCOP15であった。

COP15は、ポスト京都議定書の法的拘束力を伴う新たな枠組み合意への期待がふくらみ、世界中の人々の関心を集めたCOPであった。筆者も会議に参加したが、会場周辺は大混雑で、雪がちらつく12月の厳寒のコペンハーゲンだというのに、公式会議場の外には何時間も入場の順番を待つ長い列が続いた。しかし、会議は最初から中国を先頭にした途上国の強烈な主張の前に先進国も会議をまとめることができず、結局ポスト京都の新たな枠組み合意はならなかった。地球の未来への期待に満ちた街「Hopenhagen」は、合意に失敗したことで「Nopenhagen」になり果てた、と皮肉られたものだ。

このCOP15で、企業の存在感は極めて薄かった。WBCSDを中心にビジネスフォーラムを開催するものの、政府間交渉とは完全に切り離された会議でしかなく、フォーラム会場も公式会議場から物理的にもかけ離れていた。まさに議論の輪の中に入れず、政策決定者への影響力も持ちえない中で、企業の意見を交渉にインプットすべしとのWBCSDの意図も、空回りしている状態だった。会場内で意見を表明し、積極的に交渉に関わっているNGOとは対照的な企業の姿がそこにあった。

その後のCOPでも先進国と途上国との対立は続く。さらに加えて、途上国グループも一枚岩ではなく、中国を代表とする発言力を増す新興国と、ツバルをはじめ気候の危機に直面している脆弱な島嶼国などとの間での主張の違いも目立ってきた。

振り返ると、気候変動国際交渉における強まる企業の関与という観点では、その後の2013年のワルシャワCOP19が一つの分水嶺だったように思う。このCOP19で画期的だったのは、COP史上初めてビジネスフォーラムが公式会議場の中で開催されたことだ。国連事務総長、気候変動枠組条約事務局長、COP19議長であるポーランドの環境大臣などを迎え、WBCSD事務総長や国連グローバルコンパクトのCaring for Climateイニシアチブ参加企業のCEOなど企業側のキーパーソンが参加して、気候変動に関する政策対話としてのビジネスフォーラムが実現した。これまで毎回会場外の市内ホテルなどで開催されていたビジネスフォーラムが、初めて公式会場内で行われたのである。たかが開催場所、されど開催場所である。文字通り、企業が気候変動交渉の議論の輪の中に入った画期的な瞬間であった。これ以降のCOPでは、公式会議場内でのビジネス対話は恒例となり、各国政府の交渉官などの参加者も増え内容もどんどん充実していった。

もう一つ、COP19では重要な提言書が企業セクターによってつくられた。前述の国連グローバルコンパクトCaring for Climateとは、1万以上にのぼるグローバルコンパクト署名機関のうち400社ほどが加盟する気候変動に関する企業のイニシアチブである。ここが、COP19に合わせて、Guide for Responsible Corporate Engagement in Climate Policy（気候政策への企業の責任ある関与に関するガイド）と題する、企業の果たすべき役割に関する提言書を発表した。提言書の内容は企業の政策決定への積極的関与を強めるという、時代の変化を告げるものであった。そのポイントは、気候変動政策の受け止め方や、企業の関わり方である。従来は、国としての高い削減目標やそれに基づく環境政策の強化は企業への負担を増し市場競争力を削ぐものだとして、企業は気候変動交渉においてブレーキをかける役であった。しかし、提言書ではこれからはむしろ積極的に政策に関与しながら政府とともに気候変動問題の解決にあろう、と企業に呼びかけた。それは人類と地球環境を守るという使命感からだけではなく、ビジネスチャンスの観点からもメリットがあると説く。具体的な事例として、厳しい環境規制に適応しいち早くクリアした日本車が米国市場を席巻し、規制に反対して対応が遅れた米国メーカーは市場を奪われたことをあげている。

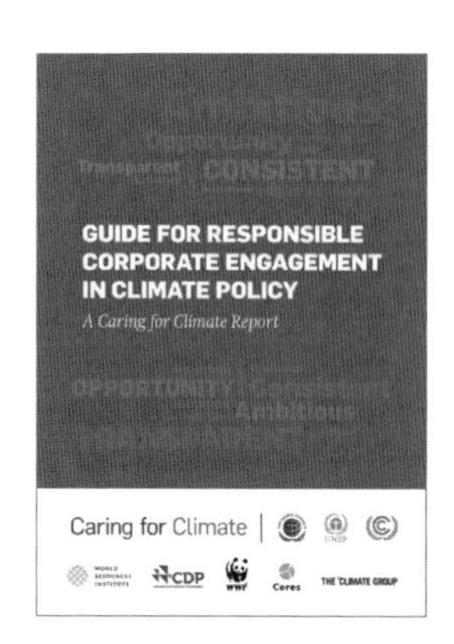

COP19に合わせて発表された提言書（気候政策への企業の責任ある関与に関するガイド）
（出典：国連グローバルコンパクトウェブサイト）

パリ協定の歴史的意味

2015年12月に採択されたCOP21パリ協定では、先進国・途上国を問わず世界のすべての国が参加する法的拘束力のある枠組みがついに合意に至った。長く「共通だが差異ある責任」の原則が強調されてきた中で、「世界の平均気温上昇を産業革命以前に比べて2℃より十分低く保ち、1.5℃に抑える努力をする」という長期目標に向けて、世界のすべての国がそれぞれ責任をもって行動すると合意したことは、画期的であった。

京都議定書のように国別に目標を割り振るという制度設計を捨てて、世界共通の目標として気温上昇を2℃以内に抑えることを合意したうえで、各国が能力に応じて最善の努力をするという方針に転換したことが賢明だった。さらに今世紀後半には低炭素社会どころか、温室効果ガス排出量と森林等による吸収量とを均衡させる、つまり実質排出ゼロの脱炭素社会をつくる、という超長期の将来目標にも踏み込んで言及している。

ただ、これで問題が解決したわけではなく、安心はできない。残念ながら現状での各国の自主削減目標を積み上げても、2℃目標達成は遠い。そのためにパリ協定では、5年ごとにすべての国がそれまでよりも高い削減目標を再提出することを義務付けた。目標を下げて後戻りしないように歯止めをかけつつ前に進む仕組みだ。いずれにしても、全世界の国が目指すべき共通の長期目標を明示し、それに向かって努力する、この考え方はまさにSDGsに通じるものである。方法や手段は走りながら考える。常に目標に近づけるために何ができるか、何をすべきか、何が必要かを考え、改善と創意工夫をこらす。そして、政府だけではなく、企業・投資家・NGO・市民などの非国家主体を含めたあらゆる主体が意思決定段階から参加して、目標達成に向けた共同行動をとる。いわば「目標によるガバナンス」[8]、あるいは目標で引っ張るグローバルガバナンス、という方式である。大きな目標や到達点を明示するだけで、あとは各国・各主体の自主性にゆだねてしまうこのやり方が果たして功を奏すかどうかはまだわからない。しかし、これだけ多極化し国家の利害が複雑に絡みあう国際力学の中では、また非国家主体の役割・影響力がますます増大する中では、これに賭けるしかないことも事実だろう。

そもそも、グローバリゼーションが進んだこの世の中で、温暖化の責めを誰が負うべきかに関してはさまざまな議論がありうる。例えば消費ベースの責任論というのがある。今や世界一の排出国になった中国は「世界の工場」である。その製品は日本も含め世界中の消費者が使用して恩恵を受けている。とすれば、現在の生産ベースの排出量統計だけではなく、消費ベースの考え方も取り入れなければ公平とは言えないのではないか。実際にこうした問題意識から、消費ベースでの排出量統計も試算されている。生産国が責任を負い対策を講じるべきなのは当然だが、それだけでよいのか。気候変動をめぐる「公平」とは何か、「正義」とは何かを、深く考えさせられる問題だ。

気候変動のような、原因も対策も地球規模で考えなければならない問

8　蟹江憲史「持続可能な開発目標とは何か」（第９章 21世紀の新グローバル・ガバナンス戦略）（ミネルヴァ書房、2017年）

題についてパリ協定が出した答え、そして軌を一にするSDGsが提起した「世界の共通目標を示して各国や各主体の責任ある行動を促す」という考え方は、企業もまたグローバルな視点でそこにどう貢献するかを考える必要があることを示唆している。

パリ協定の合意には、国際交渉に関わり影響力を行使するようになってきた投資家や企業の後押しがあったと言われている。企業セクターは、WBCSDや米国のCSR推進団体であるBSRなど複数の推進組織が大同団結して、"We Mean Business" という連合を組み、会議に積極的に関与した。実はNGOセクターはずっと早くから "Climate Action Network" という気候変動に関するNGOの連合体を組織してワンボイスで活動してきた。遅まきながら、企業も体制的に肩を並べるかたちとなった。

翌年2016年のマラケシュCOP22での会期中には、米トランプ政権が生まれてその後パリ協定から米国が離脱するという、できたばかりの国際合意に水を差す不幸な出来事が起こってしまった。しかし離脱は明らかに時代に逆行する。追随する国は現れていないし、米国経済を支える多くの企業のCEOが、即座にトランプ大統領に対して離脱に強く反対する書簡を送った。州政府や企業・大学など2,700を超える組織が「我々はパリ協定の中にいる（We are still in)」と、連邦政府の決定に関係なく気候変動に力を入れて取り組む意思を表示している。そして多くの米企業は、言葉だけでなく行動でも示している。例えば米アップル社は、コンピュータ用に莫大な電力を消費するIT産業として、自社の使用する電力を100%再生可能エネルギーに切り替えたと発表した。

COP22に参加していて、企業の役割を考えるうえで示唆に富む一場面に出会った。ブレーンストーミングと銘打ったビジネスフォーラムは、各国の交渉官が陣取るゾーンのすぐ隣の会議室で４日間続いた。その中で象徴的だったのは、アルゼンチン政府関係者の経験談だ。国別目標を定めるために産業界と十分に対話した結果、目標水準を10%も高めることになったという。従来の常識では、産業界と対話すれば制約や負担を嫌う産業界の圧力で目標水準を下げるところだった。しかし、今や全く逆のことが起こり始めている。

交渉ゾーンに併設された展示場はあたかも産業見本市の様相を呈した。それまでの COP では NGO が各々の主張を繰り広げるブースが中心だったのとは様変わりだ。世界の共通目標となった低炭素社会、その先の脱炭素社会。企業が政府に求めるのは、政策の一貫性であり、揺るがない将来社会のビジョンだ。パリ協定でそれが明確になった。目標が明確になれば、実現に向けて新たな大きなビジネスチャンスをそこに見出していくのが企業というものだ。

気候変動問題は、国益をぶつけあうだけでは、また理想論を掲げるだけでは、決して解決しない。今急がれるのは、温室効果ガス削減のための具体的手段の議論であり、一刻も早く・できるだけたくさん削減するための実効的なアクションである。しかもそれは各国内では完結しない。今や企業が国内で、国際交渉の場で、政策対話に積極的に参加すべき理由はまさにそこにある。

WBCSD は会員企業が主体で LCTPi（低炭素技術パートナーシップ・イニシアチブ）という気候変動に関するプロジェクトを推進している。WBCSD は、会員企業が持つ技術を総動員し、それが活かされれば、２℃ 目標実現に必要な温室効果ガス削減量の64%はカバーできるとの試算を示した。総動員する技術としては、スマートグリッド、ICT、CCS（二酸化炭素の回収・貯留）、セメント関連技術、モビリティ関連技術、先進技術を活用したスマート農業などである。これらを効果的な政策によって普及浸透させていくべきだとの主張を、ビジネスの声として発し続けている。

COPでも、こうしたビジネスの声も背景に、ようやくさまざまなステークホルダーとの対話を公式の会議メカニズムに組み込んだ。その対話は、現状では十分でない各国の削減目標を引き上げるための非政府セクターも含めた促進的対話であり、タラノア対話（Taranoa dialogue：COP23の議長国フィジーの言葉で、誰も拒まない開かれた対話という意味）と名付けられた。WBCSDも自ら以前から主張してきたことでもあり、この対話プロセスに積極的に関わっていく姿勢を見せている。

第３章　SDGsを企業の視点でどう理解するか

SDGsの理解のために

SDGs（持続可能な開発目標）というと、貧困をなくそう、飢餓をゼロに、気候変動に具体的な対策を、海の豊かさを守ろうなど、2030年までに達成すべき17個の目標をデザインした、カラフルなタイルの図が有名で、思い浮かべる人も多いであろう。2015年９月の採択当時、夜の国連本部ビルをライトアップで彩り、その後もSDGsを象徴するビジュアルとなってSDGsの認知度向上にもひと役買っている。洗練されたデザインでわかりやすいし、魅力的なアイコンだ。

●図表１－３－１　SDGsの17の目標

出典：国連広報センターウェブサイト

しかし、2015年9月25日の国連総会でのSDGsの採択文書「我々の世界を変革する：持続可能な開発のための2030アジェンダ（TRANSFORMING OUR WORLD：THE 2030 AGENDA FOR SUSTAINABLE DEVELOPMENT）」には、単に17の目標が書いてあるだけではない。採択文書は91段落からなる35ページの文書で、17の目標が出てくる前に、前文に引き続いて基本的価値、ビジョン、原則、今日の世界など、重要な点が述べられている。また、17の目標の後には、アクション項目としての169の具体的ターゲットが、そしてどうやって実現するかという実施手段とグローバルパートナーシップが書かれている。SDGsを正しく理解するためには、この採択文書全体をしっかり熟読することがまずどうしても必要である。国連のウェブサイトに英語原文が、外務省のウェブサイトに仮訳が掲載されているので、是非手にとって通読していただきたい[9]。

ただ、91もある多くの段落にはさまざまなことが書いてあるので、一体どんな点に注目して読めばよいのか、重要なポイントと考えられる点を以下に紹介したい。

MDGsと比較した場合のSDGsの特徴

SDSsは2012年の国連持続可能な開発会議（通称リオ＋20）に先立つ地域準備会合でコロンビアとグアテマラが提案し、リオ＋20で策定が合意されたものである。そしてそれは、前身としてのMDGs（国連ミレニア

9　外務省SDGs Action Platformウェブサイト
https://www.mofa.go.jp/mofaj/gaiko/oda/sdgs/about/index.html（2018年8月18日現在）

ム開発目標：Millennium Development Goals、2000年～2015年）の後継、つまりポストMDGsとしての性格をもっている。従って、MDGsと比較してその違いを理解することによって、SDGsの特徴をより理解しやすくなるであろう。図表に示した違いの中でも、特にポイントとなるのは以下の点である。

●図表１－３－２　SDGsの特徴とMDGsとの違い

・幅広いグローバル・イシューへの言及。開発だけでなく、気候変動など環境のテーマを取り込み
・「格差（国際、国内）」、「ガバナンス」など、新たな視点
・途上国だけではなく、先進国でも共通の課題としてとらえる＝「普遍性」
・幅広い参加型（政府、市民社会、企業セクターなど）の策定プロセス
・企業の果たす役割の重要性の認識

①　課題の対象範囲の広さ

MDGsは、８つの目標、21のターゲット、60の指標からなり、開発に焦点を当てていた。目標をみても、貧困・飢餓、初等教育、ジェンダー平等、乳幼児死亡率、妊産婦の健康、HIV／エイズ・マラリアが並んでいる。持続可能な発展の重要要素である環境についても言及はしているが、「環境の持続性確保」という包括的な１目標が入っているにすぎず、開発に比べると全体に占めるウェイトははるかに低い。これに対してSDGsでは、目標13～15が直接環境に関する目標となっている。また、エネルギー問題や持続可能な消費といった目標も含めれば、環境に関する目標は大幅に充実した。第１章の持続可能な発展の定義でみた２大要素、環境と開発のバランスのとれた目標体系となった。

② 新たな概念として格差への注目

MDGsでは絶対的貧困をなくすことが目標に掲げられた。結果的に目標は達成できたが、発展の恩恵にあずかることができずに取り残された人々は依然として数多い。また、富の集中、貧富の格差拡大は世界的な傾向であり、貧困問題は途上国だけの問題ではなくなってきている。SDGsではMDGsに比べて貧困をより普遍的な課題としてとらえているし、不平等是正の新たな目標（目標10）を設けて、格差縮小の視点を強調している。

●図表1－3－3　Just 8 men own same wealth as half the world

OXFAM BRIEFING PAPER　JANUARY 2017

Members of the Shining Mothers group, a community-based women's group helping to teach business skills and raise awareness of their rights. The Shining Mothers discuss issues which affect them in their community and raise these at public meetings to ensure their voice is being heard by local government. Kawangware, Nairobi, Kenya. 2016. Photo: Allan Gichigi/Oxfam

AN ECONOMY FOR THE 99%

It's time to build a human economy that benefits everyone, not just the privileged few

New estimates show that just eight men own the same wealth as the poorest half of the world. As growth benefits the richest, the rest of society – especially the poorest – suffers. The very design of our economies and the principles of our economics have taken us to this extreme, unsustainable and unjust point. Our economy must stop excessively rewarding those at the top and start working for all people. Accountable and visionary governments, businesses that work in the interests of workers and producers, a valued environment, women's rights and a strong system of fair taxation, are central to this more human economy.

EVEN IT UP　OXFAM

www.oxfam.org

出典：「99%のための経済（An Economy for the 99%）」（オックスファム、2017年）

国際NGOオックスファムは、2017年のダボス会議（世界経済フォーラム）に向けて発表した「99%のための経済」と題した報告書で、世界で最も裕福な8人が所有する資産は、世界人口の経済的に恵まれない下半分の36億人が保有する資産と同じ、と発表した。この8

人という数字は、過去からの傾向をみると次第に小さくなっており、それだけ富の集中と格差拡大が進んでいることを物語っている。

③ 幅広い参加型の策定プロセス

MDGsと比べて注目すべき大きな違いは、SDGs策定プロセスへの幅広いステークホルダーの参画であろう。例えば企業セクターもSDGs策定のプロセスに積極的に参加した。国連グローバルコンパクトやWBCSDといった団体が、企業の声を反映させるために積極的に意見を述べたし、WBCSDに至ってはスタッフを国連に出向させるなどして深くコミットした。それは企業としてブレーキをかける意図では全くなく、企業の力をより発揮できるものになるように、という前向きな関与であった。

積極的に関与したのはもちろん企業だけではない。例えば、国際NGOであるセーブ・ザ・チルドレンは、検討初期段階の2013年１月にSDGsに含めるべき目標を包括的に述べた「私たちの世代で貧困に終止符を」と題する提言書を発表した。そこでは人間開発の基盤づくりとなる６つの目標と、それを達成するための環境づくりの４つの目標の合計10の目標および、それぞれの目標に関するターゲットと指標まで包括的かつ具体的に提言している。

この多様なステークホルダーが意見表明し対話を重ねて合意形成をめざす、というマルチステークホルダー・プロセスは、近年その有効性が認められCSRをめぐるさまざまな協議の場面でも採用されている。2010年に発行された社会的責任の国際規格ISO26000はその代表的なものだ。2015年のSDGs発表直後には、17個の目標は数が多すぎる、何でもかんでも盛り込みすぎだ、との批判的な意見もあったが、多様な視点、立場の違う多くの意見を取り入れていく中で、こうなるのはごく自然なことと考えるべきであろう。

④ 企業の役割の重要性

本書で扱う「企業と社会」や「企業とサステナビリティ」というテーマとの関係でいうと、SDGs の最も重要な MDGs との違いは、目標達成に向けて企業が果たす役割に関する認識である。MDGs に関しては企業の取り組みが SDGs に比べてはるかに少なく、ごく一部の先進的企業が取り組んだに過ぎなかった。多くの企業が SDGs に関心を寄せて取り組む現在とは状況が大きく違う。

その大きな理由は、第 4 章で後述するように、2000年当時はそもそも CSR の概念が一部先進企業の間で認識されていたものの、企業が貧困・開発問題などに関心をもつのは一般的ではなかったことがある。もう一つは、SDGs の特徴に関係する、より本質的な理由だ。つまり、SDGs が幅広いテーマを取りあげ、個別課題解決の次元を超え社会を全体として持続可能なものへと大変革することを打ち出しているからこそ、その変革を導く市場の力や推進エンジンとしての企業の革新力が必要とされているのだ。MDGs から SDGs へと行われたより大きな目標体系への進化と、この間に進んだ CSR の進化・成熟とがちょうど同じベクトルで重なったために状況が一変したと考えられる。

SDGs には目標 9 で掲げた包摂的で持続可能な産業化、技術革新やイノベーションなど、産業と経済に関する記述も加わった。環境・経済・社会のトリプルボトムラインのうち、MDGs では産業や経済に関する言及はきわめて薄かったのに比べると、大きな違いが見てとれる。

ここで重要なのは、決して寄付やボランティアなどフィランソロピーによる貢献（社会貢献）ではなく、あくまでも企業のもつ技術力を生かし製品・サービスを通じた、つまり事業そのものによる社会的課題の解決力を期待されている点である。もちろんフィランソロピーも社会的課題解決への有効な手法であることは間違いない。しかし、本業を通じたビジネス・ソリューションの提供こそが、社会変革をもたらす大きなインパクトを生む。SDGsの時代に企業に求められているのは、こうした事業戦略と一体化した本業での課題解決であることを確認しておきたい。

企業経営の立場から考えれば、大きな変化は大きなチャンスだ。企業がSDGsに関心をもつのは、そこに大きなビジネスチャンスを見ているからである。2017年1月のダボス会議に向けて、当時WBCSD（持続可能な発展のための世界経済人会議）会長だったポール・ポールマン氏らをメンバーとする「企業と持続可能な発展委員会」が、SDGsへの取り組みは「2030年までにエネルギー、都市、食料、農業の各分野で、少なくとも想定GDPの10%にあたる12兆ドルのビジネス機会をもたらし、3.8億人の雇用を生む」との報告書を発表している[10]。

10 “Better Business, Better World”（Business & Sustainable Development Commission, 2017）

SDGsに何が書かれているか

ではいよいよ国連採択文書「我々の世界を変革する：持続可能な開発のための2030アジェンダ」、SDGsの採択文書を読んでみよう。

まず、「人間：People」「地球：Planet」「繁栄：Prosperity」「平和：Peace」「パートナーシップ：Partnership」という実現すべき５つの価値（５つのP）が書かれている。これらはまさにそもそも国連が実現しようとしている価値そのものである。

そのあとには、前身のMDGsの総括と課題（パラグラフ16）、目指すべき「包摂的で、持続可能な経済成長と働きがいのある人間らしい仕事を享受できる」世界像（同９）、しかし現状は「機会、富及び権力の不均衡は甚だしい」こと（同14）、従って「誰一人取り残さない」（同４）、「脆弱な国々や脆弱な人々に特別の注意を払う」（同22、23）といった考え方が重要であることが書かれている。

そして、国際規範としての人権尊重は取り組みの基礎であること（同19）、気候変動はそれ自身最大の課題の一つであると同時に、人類の他の課題を増加させ悪化させること（同14）、我々の世代が「貧困を終わらせることに成功する最初の世代になりうるとともに、地球を救う機会を持つ最後の世代になる」かもしれないこと（同50）などが書かれている。

このあとにようやく17の目標と169のターゲットが記載されているの

である。つまり、地球社会はどういう状況にあり、私たちの未来のために何をしなければならないのか。課題は何でそれらがどうつながっており、解決のための基本原則と考慮事項は何か、まずこれらのことが縷々記述されている。以上をまず理解するのがSDGs活用のためには必要である。何のためのSDGsなのか、根底に流れている思想は何なのか、重視すべき価値とは何か、そうした重要な事柄の理解なしに「水を大切にしよう」、「食品ロスをなくそう」、などといきなり17の目標から入り、その達成に役立つ何らかのアクションをしていればそれでよい、という短絡的なSDGsのつまみぐいで自己満足してはいけない。そうなることを避けるために、まずは採択文書全体をじっくり熟読して理解して欲しい。

何のためにSDGsに取り組むのか

序章でもとりあげたように、2017年に実施されたCBCC（企業市民協議会）のアンケート結果をみると、日本企業のSDGsに関する関心はかなり高い。何らかの形でSDGsに取り組んでいる、あるいは取り組みを検討している企業は7割にも達する。国内で一般市民のSDGsの認知度についてはいくつもの調査結果が発表されているが、いずれもおよそ15%～25%くらいなので、それに比べて企業の関心度合いが高いことは、企業の積極的な姿勢を示すものとして評価できる。

しかし、その取り組みの中身に関して分析してみると課題がある。同じCBCC調査では、取り組みの中身が、自社の既存の取り組み（商品・サービスの開発・提供であれ、社会貢献プログラムによるものであれ）がSDGsの17のどれに関連したものであるかを紐づける、いわゆるマッピングにとどまっていることを示している。

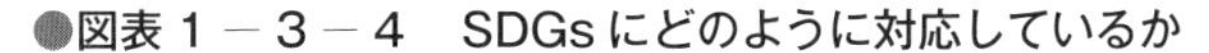
●図表１－３－４　SDGsにどのように対応しているか

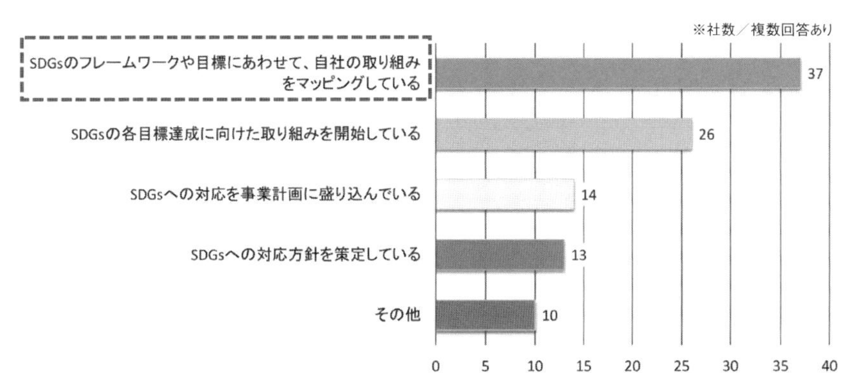

出典：「『CSR実態調査』結果」（（公社）企業市民協議会（CBCC）、2017年６月）

これだけ幅広い目標体系なので、既存の取り組みは17の目標のどこかに関連することがほとんどであろう。それなりにCSRに取り組んできた実績をもつ企業であれば、それは自然なことである。しかしそこで満足するのではなく、その先にどう戦略を描くかが重要である。SDGsと自社の取り組みの現状との関係を確認する作業は、まず第一歩として必要だが、そこにとどまっていては単なる現状追認にすぎない。自社の現状を基準にするのではなく、SDGsの目標・ターゲットの方を基準にして、自社に何ができそうか何に力を入れるべきかを考えなければ、新たなイノベーションも生まれないしSDGsと事業戦略を一体化したことにはならない。

SDGs達成における企業への期待が高まる中で、企業も自社の取り組みとSDGsとの関係をアピールしようとする。しかし、最近は単なるアピールねらいの企業の行動を批判する、「SDGsウォッシュ」という言葉も使われるようになってきた。ウォッシュとは、うわべだけを塗ることである。国際合意となったSDGsに関連する行動を起こしているのはよいことだが、それがもっぱら広告宣伝目的であって、目標達成につながるような実質的効果をもたない、あるいは、企業として人権侵害や環境汚染など社会や環境に与えるネガティブインパクトについてはなすべきことをせず、その批判をかわし企業イメージをよくするためにSDGsへの取り組みを持ち出している、といった行為は「SDGsウォッシュ」との批判を免れないであろう。

以前から環境に関しては、例えば本業で生じる環境破壊を放置しながら森林保全の社会貢献活動で環境にやさしい企業を装うなどの行為は、「グリーンウォッシュ」という言葉で批判されることがあった。また、国連グローバルコンパクトの発足後には、単に自社PRの目的で参加する企業が出てきた。CEOのサイン入りレターを送れば国連グローバルコンパクトにメンバー登録されるので、国連の紺色のロゴを使いたいがゆえの「ブルーウォッシュ」ではないか、と非難された[11]。これらと同様の「SDGsウォッシュ」として批判されることを避けるためにも、安易なSDGsとの紐づけのみで終わらないように留意が必要だ。そして本物の取り組みをするためには、何よりも、SDGsの本質をきちんと理解することだ。表面的な理解でSDGsへの取り組みをアピールしようとすると、このワナにはまることにもなりかねない。

11　国連グローバルコンパクトでは、登録しただけで何も活動しないこうしたフリーライダーを防ぐために、取り組みの進捗状況を定期的に報告する仕組み（Communication on Progress）を導入した。その後実際に数百社の企業がメンバーリストから削除された。

SDGs理解のための3つのポイント

SDGsを本質的に理解するといっても、漠然としていてつかみどころがないという向きもあろう。そこで筆者が重要だと考える理解のポイントを示してみたい。ポイントはいくつもあるが、なかでも以下3点の理解が特に重要である。

① 課題解決のために基本に据えるべきは、人間の尊厳を守り人権を尊重することである。
② 17の目標は、独立したバラバラな目標の寄せ集めではなく、相互に関連し合っている。
③ 目標の下にある169のターゲット（具体的なアクション項目）の内容を理解する。

① 人間の尊厳と人権の尊重

注意深く読むとわかるが、17の目標を見ても「人権」という言葉自体はどこにも出てこない。では人権は重要でないかというと全く逆で、17の目標を通じて最も訴えたいのは実は人権の実現であり、SDGsの根底には人権の尊重、言いかえれば人間の尊厳を守る、という理念がある。

MDGs同様にSDGsが掲げる、貧困・飢餓・衛生などの諸問題の解決は、国連で確立された国際人権章典において位置づけると、主に国際人権規約のA規約、すなわち経済的・社会的及び文化的権利の実現に関するものである。よって、これらはまさに人権問題そのものである。

また、労働問題はとりわけ人権問題との関連が深い。まずディーセント・ワーク（働きがいのある人間らしい仕事）という概念は、目標８にも明記されておりSDGsにおける重要な概念の一つである。そのターゲットに記された児童労働、強制労働、現代の奴隷制、人身売買、移住労働者などはまさに解決すべき人権問題そのものである。また、AI、ロボットの普及などによって生じるであろう、将来的な大きな労働環境の変化への対応も今後の重要な労働問題であり人権問題である。既にこうした問題意識でFuture of Work（労働の未来）を考えようと、欧州委員会やWBCSDをはじめ、政府・国際機関も産業界も重要課題として議論を始めている。

また、人権とは別問題と思われている環境問題についても、このままいけば人類の生存そのものを脅かし、人権の実現にも大きく影響する、そういう意味で、環境問題も実は人権問題である。また、環境汚染や気候変動などに影響を最も強く受けるのは、SDGsが特に注意を払うべきとする社会的・経済的に最も脆弱な層である。その意味においても、環境問題はすぐれて人権問題である。

こうしてみていくと、全体として17の目標が目指しているのは、端的にいえば「人間が尊厳をもって人間らしく生きること」であることがわかる。経団連ミッションで2017年７月に国連本部を訪れた際に面会した国連経済社会局次長補（当時）のトーマス・ガス氏は、SDGsは人間中心の社会を構築することをめざし、グローバリゼーションに欠けていた部分（missing piece of globalization）を取り戻そうという試みなのだ、と話されていた。つまり、SDGsが標榜する持続可能な発展とは、つきつめて言えば、人間が尊厳をもって人間らしく生きることのできる、人間中心の社会を実現することなのだ。

この同じ考え方は、ISO26000の根底にも横たわっている。５年間に及んだ作業部会の初期段階で、そもそもこの規格が何を目指すのかという議論をしていた際に、日本産業界から示した「規格の本質的原則」に関する提案も、そのことを述べたものだ（図表１－３－５）。この提案もISO26000の究極の目的は、人間が尊厳をもって生きることが保障される社会をつくることであり、それがすなわち持続可能な発展の目的である、と考えた。

●図表１－３－５　社会的責任の本質的原則

①人間の尊厳と多様性の尊重 　人が人としてその生存を保障され、多様な価値を生み、それを享受する主体として尊重される社会。人種・皮膚の色・性別・言語・宗教・思想などの多様性が受容され、それを組織や社会の強みとしていく社会。 ②持続可能性の追求 　将来の世代のニーズを満たす能力を損なうことなく、今日の世代のニーズを満たす。世代間の公平性が保たれ、社会的に公正で公平な資源配分が行われる持続可能な社会の実現を目指す。

出典："The Japanese Industry's Working Draft for ISO26000"（2006.03.10）

そもそも人権という価値が、国連の活動の中で主流化しているのは今に始まったことではない。既に1990年代に国際政治学者の坂本義和氏が以下のとおり指摘している。

「これらの特別会議や国際年が、①平和・安全保障、②開発・福祉、③環境、④人権、という四つの問題領域のどれを主に取り上げてきたかを見ると、時とともに『人権』の比重が大きくなっていることが、一目瞭然である。それは、平和とか開発とか環境という問題に取り組む場合に、結局のところ、人間が人間らしく生きる権利という基本的視点に立って問題の意味づけをし、人権を原点として解決の道を構想するという思想が、国際的な常識、世界的なコンセンサスになってきていることを示すと言ってよいだろう。いったい何のために国連を改革し、強化するのかといえば、それは、人権の地球的な実現と保障のためであるという認識が、広く確立されてきているのだ。」（出典：坂本義和『相対化の時代』、193頁（岩波書店、1997年））

国連憲章の前文「基本的人権と人間の尊厳及び価値」や、第１条の国連の目的に明確に書かれているように、そもそも国連は平和の実現と人権・基本的自由の尊重を目的とする組織である。国連グローバルコンパクトの４分野10原則も、まず分野として人権・労働をそして次に環境、最後に腐敗防止を取り上げており、４つの分野の中で人権は真っ先にあがっている。

企業の社会的責任のベースラインとしても、この国連の規範としての人権尊重がその重要性を増している。「ビジネスと人権」は、近年 CSR における重要イシューとして企業が取り組むようになった。現代のグローバル社会にあって、バリューチェーン、特に川上のサプライチェーンにおける児童労働や強制労働など労働・人権に関する問題は、解決に向けて企業が取り組むべき大きな課題とされるようになってきた。こうした問題意識は、これまでサプライチェーンの先の先にあって企業の視野の外にあるものと考えられていた鉱物採掘や綿花栽培、漁業など原材料の生産現場における人権問題にまで及んでいる。従来から日本企業が熱心に取り組んできた環境問題と並んで、今やグローバルな人権問題は大きなテーマである。2011年に発表された国連「ビジネスと人権に関する指導原則」は、今や企業の必読文献になっている。

こうして考えると、企業として社会へのネガティブインパクトを回避するために人権侵害を起こさないというのも、SDGsの思想にかなう重要なアクションであることがわかる。人権侵害を起こさない、加担しないという要請もSDGsの中に含めて考えるべきである。

②目標間の相互関連

二つ目は、SDGsは決して独立したバラバラの17個の目標を寄せ集めたものではない、ということだ。目標は相互に関連している。

例えば、環境問題は貧困問題の原因となると同時に、またその解決策は貧困問題の解決にも役立つ。環境の劣化は、気候変動による自然災害の増加などをもたらし、貧困層の生活基盤を脅かす。一例をあげれば、異常気象による作柄の悪化は農家の収入減につながる。そこで、損保ジャパン日本興亜はタイ東北部の農村で、小規模農家のために干ばつ被害を補償する天候インデックス保険を開発・販売した。稲やサトウキビなどの生育期に観測された降水量の合計値が、事前に約定した数値を下回った場合に、被害額の調査を待たず自動的に一定額の補償が得られるシンプルな仕組みの保険商品である。保険料単価の低い、小口のマイクロ・インシュアランスと呼ばれる新しい分野の保険だ。気候変動への適応を主眼として開発されたものであるが、同時に小規模農家が貧困状態に陥ることを防ぐ効果もあり、その経済基盤を安定させることにつながる保険である。

また、環境問題の解決に役立つが開発など他の面で悪影響を生むケースもある。例えば、サトウキビやトウモロコシなど農作物を原料としたバイオマス発電は、化石燃料に比べて環境に優しい。ただ、人口増に伴う食糧不足という別の問題からみれば、大幅な拡大は好ましいとは言えない。

反対に、開発面ではよいが環境に悪影響を与える場合がある。海水の淡水化技術は、安全な飲料水を確保するのが困難な人々にとって福音となる。しかし、そのプラントは往々にして莫大なエネルギーを必要とするために、地球温暖化の観点からも検討が必要である。

これらは考え得る例のごく一部だが、プラスの相乗効果やコンフリクトなど、さまざまな課題間の関係や互いへの影響を考慮しながら適切な解決策を探さなければならない。17の目標の相互関連を認識し、取り組みにあたっては何がベストかをよく考えることが必要だ。

また、同じ年に採択されたパリ協定とSDGsの関係もまた重要なポイントだ。いずれも国連を舞台にした国際合意であるため、国連内部では担当部署間の分野調整がなされている。目標13の気候変動の項目をみると、わざわざこれは気候変動枠組条約（UNFCCC）事務局マターであると、担当部署を意識した書きぶりになっている。しかし、それはいわば国連組織内の分掌の問題にすぎないのであって、気候変動をそうした組織論を超えた社会的文脈で考えることは極めて重要である。気候変動はSDGsの他の目標と関連し深くつながっており、単なる環境問題として環境の専門家だけが取り扱っていればよいものではない。さまざまな角度から検討し、異なる分野の専門家が関与して、問題を横断的に考えて解決に取り組む必要がある。

NGOの中では、気候政策や国際交渉に物申すCAN（Climate Action Network：気候行動ネットワーク）という世界の環境問題専門NGOのネットワーク組織がある。日本で言えば、高い専門性を持つ政策提言NGO、気候ネットワークが古くからのCANの一員である。ところが、近年は人権NGOがこのCANに加盟する動きが目立ってきた。人権問題の解決を考える場合に、その根本原因にまでさかのぼってみると、そこに気候変動の悪影響がある。だから我々人権NGOも気候変動問題の解決に積極的に関わるべきだ、との考えが強まっているのである。

SDGsやパリ協定で、2030年・2050年といった長い時間軸で、持続可能な発展を成し遂げようとする国際的な意思が確認された。気候変動はSDGs全般に関わる重要な横断的課題としてとらえることが必要だ。それはもはや狭義の環境問題の域を超えており、社会・経済的な文脈でとらえなければ有効な解決法も見いだせない課題となっている。

③169のターゲットを理解する

目標体系の構造もよく理解する必要がある。SDGsの17の目標の下には、より具体的な取組項目を定めた169のターゲットがあり、さらにそれぞれのターゲットには進捗をはかる物差しとして指標（KPI：Key Performance Indicator）が定められている。漠然と17の目標を眺めて何をすべきか考えるのではなく、169のターゲットと指標をよく見ると、何をすべきか、何に力を入れどう取り組むべきか、がわかってくる。

例えば、目標3「すべての人の福祉と健康」の下には13のターゲットがある。その中には、3.1として「2030年までに、世界の妊産婦の死亡率を出生10万人当たり70人未満に削減する」、3.6として「2020年までに世界の道路交通事故による死傷者を半減させる」、などと書かれている。ここまで具体化されると、自社がそのために何ができるかを検討しやすいし、強みを生かすことのできるターゲットが見つかるはずだ。

さらに、各ターゲットは取り組みの進捗を測定する指標を伴っている。これは別途、国連統計局が公開しているものであり採択文書自身には含まれていない。この指標をよく見ると、何にどう取り組むことを求めているかより具体的に理解しやすくなるだろう。

このように、SDGsの思想や根底をなす理念、問題の所在や求められる視点などを理解したうえでアクションを起こすことが重要である。そしてそのためには何よりも、この採択文書全体を熟読することが必須である。

実施のために理解が必要な原則

持続可能な発展という、概念定義はあっても具体的に何をすればよいか共通のイメージが持ちにくい課題に対して、世界共通の目標体系として国連がSDGsを提示した歴史的意義は大きい。その本質的理解をしたうえで有効な取り組みを行うために必要なのが、実施における重要な考え方、原則を理解することだ。その観点からは、①トランスフォーメーション、②誰一人取り残さない、の二つが重要である。

① トランスフォーメーション

トランスフォームとは文字通り、変容する、姿形が様変わりするという言葉だ。それはよく使われる「イノベーション（革新）」をさらに超えた非連続的な変化、といってもよい。2030年までに世界を作り変える、大変革する、というほどの意気込みを示した言葉である。

逆に言えば、持続可能な発展、つまり環境問題と貧困問題の同時解決は非常に難易度の高い目標であり、逐次改善型の取り組み手法ではとても実現できない。長期的に社会全体をシステマティックに変える必要がある。市場メカニズム、経済の仕組みから人々の価値観まで、すべてが連動して、政府だけでなくあらゆるステークホルダーが同じベクトルで取り組んで初めて可能になるほどの大きなテーマである。

このことをSDGs採択文書では表題に「我々の世界を変革する：持続可能な開発のための2030アジェンダ（TRANSFORMING OUR WORLD: THE 2030 AGENDA FOR SUSTAINABLE DEVELOPMENT）」と書いて強く訴えているのである。企業が役割発揮を強く求められているのも、このトランスフォーメーションの大きな推進力になり得るからだ。SDGs採択文書のパラグラフ67に「民間セクターに対し、持続可能な開発における課題解決のための創造性とイノベーションを発揮することを求める。」とあるのはそのためである。

こうした大きな変化を、長い時間軸で起こすためにはどうしたらよいだろうか。トランスフォーメーションのために一つの有用な考え方が、「バックキャスティング」である。これはスウェーデンのNGO、ナチュラルステップが提案したもので、スウェーデンの環境政策の立案において実際に使われている手法だ。まず第１に将来のありたい姿・目標を描く、第２にそこから現時点に戻る、第３に目標を達成するためにはこれから何をすればよいかステップを考える。つまり将来の目標をまず決めて、そこから逆算するというアプローチだ。現状のしがらみや制約を取り払って、将来の到達点をまず設定するところがこの手法のミソだ。

●図表１－３－６　バックキャスティングの概念図

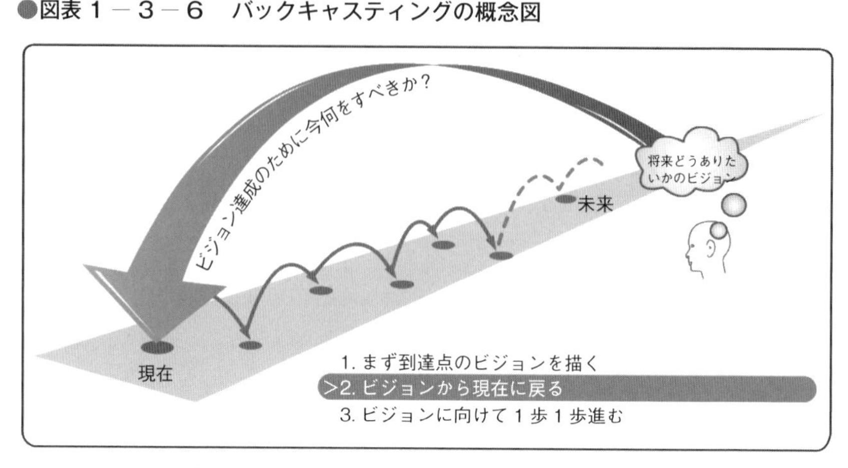

出典：ナチュラル・ステップのウェブサイトをもとに筆者作成

②　誰一人取り残さない

SDGsが強調しているもう一つの理念は、誰一人取り残さない（Leave no one behind）である。17の目標を読んでみると、図表１－３－７に示すように、「すべての」、「あらゆる」、「包摂的な（inclusive）」という言葉が繰り返し使われていることがわかる。いずれも、SDGsの基本思想である「誰一人取り残さない」を強調する表現だ。

●図表1－3－7　SDGsの17目標で強調される包摂性

目標1	すべての場所における、あらゆる形態の貧困の解消
目標2	飢餓の終焉、食糧安全保障と栄養の向上の達成、持続可能な農業の促進
目標3	あらゆる年齢のすべての人に対する健康な生活の確保、福祉（well-being）の促進
目標4	すべての人に対する包摂的、公正かつ良質な教育の確保、生涯学習の機会促進
目標5	ジェンダー平等の達成すべての女性および少女のエンパワーメント
目標6	すべての人に対する、持続可能な水源と水と衛生の確保
目標7	すべての人に対する、手頃で、信頼ができ、持続可能で、近代的なエネルギーへのアクセスの確保
目標8	継続的、包摂的かつ持続可能な経済成長、すべての人に対する完全かつ生産的な雇用と適切な雇用（ディーセント・ワーク）の促進
目標9	レジリエントな（回復力のある）インフラの構築、包摂的かつ持続可能な産業化、およびイノベーションの促進
目標10	国内および国家間の不平等の削減
目標11	包摂的、安全、レジリエント、かつ持続可能な都市および居住区の実現
目標12	持続可能な消費および生産形態の確保
目標13	気候変動およびその影響と闘うための緊急の行動
目標14	持続可能な開発のための海洋、海浜および海洋資源の保存および持続的な活用
目標15	陸圏生態系の保護、回復および持続可能な活用の促進、森林の持続的な管理、砂漠化への対処、土壌侵食の防止および転換、生物多様性の損失の防止
目標16	持続可能な開発のための平和で包摂的な社会の促進、すべての人に対する公正へのアクセスの提供、あらゆるレベルで効果的かつ責任を伴う、包括的な公的機関の設立
目標17	持続可能な開発のための実施手段の強化および、グローバルパートナーシップの再構築

出典：外務省仮訳をもとに筆者が作成

例えば、目標1の「すべての場所における、あらゆる形態の貧困の解消」についてみてみよう。前身のMDGsでは貧困人口半減の目標は達成した。しかしそれは主に中国の経済発展で国連の定義する貧困ラインを超える人口が一定数に達したからであり、中国でも、またほかの地域でも、発展に取り残されたままの人口は相変わらずまだ多い。一方で先進国では富の集中が進んで経済格差が拡大し、先進国における貧困問題も大きな関心事項になってきている。いまや、経済成長の果実を社会全体で分かち合い、成長から置き去りにされた人々には特別の注意を払う「包摂的な経済成長」をどうしたら実現できるかという問題は、途上国だけではなく世界共通の関心事項になっているのである。第1章で紹介したように、2018年に損保ジャパン日本興亜が実施した一般市民へのアンケート調査によると、SDGsの17の目標の中で、国内の社会的課題として貧困をあげる人が多いことに気が付く。国内で6人に1人とも言われる子どもの貧困問題はマスコミでもたびたび報じられ、「貧困の解消」は既に国民の大きな関心事になっていることがわかる。

富の集中と格差を論じたトマ・ピケティ氏の「21世紀の資本」が世界的なベストセラーになったように、格差は世界共通の関心事だ。より包摂的な経済へと転換していくためには、税制・金融経済政策など、政策レベルでしかも国際的な協調による構造改革が必要であり、簡単な解決はできないであろう。しかし、格差問題はG7やG20で世界のリーダーによって重要な関心事として毎回議論されている。

ちなみに、G7やG20首脳宣言などの採択文書は、外務省ウェブサイトに全訳も掲載されるので、全文に目を通しておくとよい。首脳宣言や付属文書には、SDGsとも関連する世界の政策課題がいくつも出てくる。

そもそも、G7、G20といっても、新聞・テレビなど国内メディアで取り上げられるテーマは、国民の当面の関心事に限定されるし、日本の首相の動向・発言などが報道の中心になる。だいたい、経済・金融政策や安全保障の話題が多い。ところが、実はSDGsにも関連する、またその背景情報として重要なテーマが宣言全文を読むとたくさん盛り込まれている。

G7やG20の宣言全文に目を通すと、SDGsに関連する各国首脳や各国政府の関心事がよくわかる。例えば、2015年にドイツで開催されたG7エルマウ・サミットでは、2013年のバングラデシュで起きたラナプラザ崩落事故で工場労働者が多数犠牲になったこともきっかけとして、責任あるサプライチェーンを構築することが首脳宣言に盛り込まれた。劣悪な労働環境で働く途上国の労働者の人権を守ることに政治リーダーがコミットし、「ビジネスと人権」は世界の政策上の関心事になったのである。実際、各国政府によるビジネスと人権に関する国別アクションプラン策定の動きは広がり、政治的リーダーシップが発揮されている。

こうしたテーマは、残念ながら国内大手メディアではなかなかカバーされない。しかし、例えば、2017年G20ハンブルグ・サミットの首脳宣言には、「包摂的な成長」「ビジネスと人権」「包摂的なサプライチェーン」等が繰り返し言及されている。この「誰一人取り残さない」という理念が、政策的に大きな関心事であることを、企業も認識しておく必要がある。

政府だけではない。企業もインクルーシブ・ビジネス・モデルの実践を通じて、包摂的な経済に貢献できる。インクルーシブ・ビジネス（inclusive business）とは、企業が生産者・工場労働者・販売員・消費者などバリューチェーンのどこかで貧困層を取り込み、雇用創出、生活向上などの社会的インパクトを生むと同時に、企業価値も生み出す新たなビジネスモデルである。もともとは WBCSD が2005年に提起した概念で、ネスレが先鞭をつけた CSV（共通価値の創造）戦略とも重なる部分があり、ネスレやユニリーバをはじめ、先進企業が取り組みに力を入れている。

そしてこのインクルーシブ・ビジネスは、政策上の関心事項にもなっている。2015年の G20アンタルヤ・サミットでは、G20のリーダーが「インクルーシブ・ビジネス枠組み（G20 Inclusive business framework）」の立ちあげに賛同した。この枠組みは、政府、世界銀行・アジア開発銀行等の国際金融機関などに対して、インクルーシブ・ビジネスを促進・支援するための政策オプションを示したものである。また、2016年の G20杭州サミットでも、首脳宣言の補足文書（supporting document）として「インクルーシブ・ビジネスについての報告書（G20 Inclusive Business Report for the 2016 Summit）」が発表されている。ここでは、インクルーシブ・ビジネスは SDGs のいくつもの目標達成に貢献できるとしてその可能性を高く評価し、政府はさまざまなステークホルダーを動員して支援策を講じ政策的に推進していくべきとしている。

こうして、インクルーシブ・ビジネスは包摂的な経済への有力なソリューションの一つとして注目されており、「誰一人取り残さない」ことに企業も貢献できることを理解しておく必要がある。

第4章 SDGs時代のCSRとは

これまでSDGsについて、その本質とは何か、さまざまな角度から考えてきた。次にSDGsとCSRがどういう関係にあるのか、SDGs時代のCSRはどうあるべきかについて考えてみたい。

現代CSRの原点は

まず、CSR（企業の社会的責任）について、その歴史を振り返ってみよう。企業の社会的責任という言葉は新しい言葉ではない。例えば、1970年代のオイルショック時に一部の企業が行った買い占め、売り惜しみなど社会より自社の利益を優先する行為は、「社会的責任を欠く」と非難された。

また、グローバルな動きに目を転じると、1997年にジョン・エルキントン氏は、企業は経済面だけではなく環境・経済・社会の3つの分野できちんと結果を出し報告すべきであるとする「トリプル・ボトムライン」の概念を提起している。現代のCSRのベースとなる考え方である。

しかし、現代的な意味での企業の社会的責任（CSR）の概念が形成され、急速に国際的な認知が広がってきたのは、2000年以降のことだと考えられる。つまり、語るべきは21世紀型のCSRだ。

まず、政府による政策への組み込みの動きである。2000年のリスボン戦略は、欧州理事会が打ち出したEUの経済・社会政策ビジョンである。2010年までにEUを世界で最もダイナミックで競争力のある知識経済にするという目標を掲げた。そこでは、知識経済に向けた教育・訓練の充実、より積極的な雇用政策、社会保障制度の改革および社会的排除の解消をうたい、社会的結束（social cohesion）の強化を目指していた。このリスボン戦略のなかで企業の役割の重要性に言及し、責任ある行動を要請している。ちなみに当時の大きな関心事は雇用問題であった。欧州委員会で当時CSRを所管していたのが雇用労働総局であったのも、そうした背景があったからだ。

以降、欧州ではマルチステークホルダーでのCSRに関する議論が続き、その間にCSRの実践も広がる中で、CSRは政策に組み込まれていく。政策のあり方としては、2011年欧州委員会が発表したCSRに関する戦略アクション（政策パッケージ）が一つの到達点であり、2000年以降世界のCSRをリードし続けてきた欧州の経験を生かし、考え得るCSR推進政策を網羅した内容となっている。ちなみに2018年現在では、欧州委員会ではより戦略的な視点をもって成長総局がCSR政策全般を所管している。従業員500人以上の規模の企業への非財務情報開示の義務化、貿易ルールへのサステナビリティ条項の組み込み、持続可能なファイナンスの推進といった、多岐にわたる政策的手段によるCSR推進が、今に続く欧州のCSRの大きな特徴である。

●図表1－4－1　CSRに関する欧州の戦略アクション

1．マルチステークホルダーのプラットフォームを作る
2．企業とステークホルダーのパートナーシップを表彰
3．企業への信頼を損なう「グリーンウォッシュ」への対処
4．企業とステークホルダーとの間で、「21世紀の企業の役割」を議論
5．有効手段である自主規制（単独、共同）を推進
6．環境・社会に配慮した公共調達の推進
7．環境・社会への配慮に関する情報公開をすべての投資家に義務付け
8．CSRに関する教育への財政支援をさらに強化
9．各国政府同士でCSR政策を相互レビューする仕組みを創設
10．大企業のISO26000など国際基準へのコミットをモニタリング
11．人権に関係の深い企業や中小企業向けに、ガイダンスを開発
12．国連人権ガイディング原則の導入状況に関する定期報告書を作成
13．責任あるビジネス慣行を途上国にまで広める方策を検討

「CSRに関するEU新戦略」（欧州委員会、2011年）をもとに筆者作成

国連も企業の役割に注目し、独自のイニシアチブを立ち上げた。同じく2000年にスタートした、国連グローバルコンパクトである。前年の1999年に、世界経済フォーラム（通称：ダボス会議）で当時国連事務総長のコフィ・アナン氏が企業のトップを前にして、国連のミッション達成には企業の力が不可欠であり、責任ある企業行動に関する国連との新たな協約に参加して欲しい、と呼びかけたのだ。その歴史的スピーチの一節、「人間の顔をしたグローバル市場の実現（give a human face to the global market）のために、企業の力が必要なのだ」は特に有名である。このように、事務総長が政府を介さずに直接企業に呼び掛けたところが大きな特徴であり、時代の動きを先取りするものでもあった。グローバル・コンパクトでは、人権、労働、環境の３つの分野、のちに腐敗防止を加えて４つの分野における10の原則を受け入れて行動することに企業トップがコミットするように呼び掛けた。

その後署名企業は増え続け、今や世界各国から13,000以上の企業や団

体が参加する、世界最大のCSRのイニシアチブにまで成長した。各国・地域ではリージョナルネットワーク組織ができて、さまざまなテーマでそれぞれ活発な活動が行われている。日本においても、280を超える企業・団体を擁するグローバル・コンパクト・ネットワーク・ジャパンが、分科会活動や国際交流などの推進活動を行っている。

市民社会もやはり同様に、企業の果たす役割に着目して独自のイニシアチブを立ち上げた。これも同じ2000年のことだ。今やサステナビリティ報告の事実上の世界標準としてその地位を確固たるものとしているGRIスタンダードの提唱者、GRI（Global Reporting Initiative）が同年に第１版を発行している。もともとはボストンを本拠とする環境団体CERES（セリーズ）が1997年に提唱したものである。なお、のちにGRIの本拠はオランダのアムステルダムに移って現在に至っている。今やGRIはCSRに積極的に取り組む世界の企業ほとんどが、情報開示のガイドラインとして活用している。透明性を高め、情報を公開することは、活動自体の推進力となる。GRIはレポートそのものの仕様というよりは、レポートを作成するために必要な一連の行為、すなわちレポーティングのガイドラインであり、報告プロセスを通じて社内体制の構築や社員の認識向上、継続的なモニタリングとパフォーマンス改善ができるのである。こうした基準を市民セクターが提唱し、今や全世界の企業に大きな影響を与えていることは注目に値する。

こうして2000年には、現在も世界のCSRをリードする、欧州委員会の政策、国連のイニシアチブであるグローバル・コンパクト、NGOが提言したGRIスタンダードという、主体は異なるが共通の問題意識に基づく動きが同時にスタートしている。さまざまな機関やステークホルダーが同じ問題意識でこの時期に行動を起こしたのは偶然ではなく、社会の中で幅広く企業の役割の重要性が共通認識となってきていたからである。

既に第1章で述べたように、企業セクター自身もWBCSDを1995年に設立し、積極的に持続可能な発展にむけた企業行動をリードするほか、政府への政策提言などに力を入れるようになった。投資家も、2000年7月の英国年金法改正によって、年金基金など機関投資家が環境や社会への配慮を投資判断に組み込んでいるかどうかを問われるようになり、欧州各国にも同様の政策が広まると、社会的責任投資に取り組む動きが広がっていった。その後も、2006年には機関投資家向けのイニシアチブ、国連責任投資原則（PRI）が生まれて署名の動きが全世界に広がっていく。2018年現在でPRIは2,000を超える世界の機関投資家が参加し、大きな影響力をもつようになった。

以上のように、2000年を大きな境目として主要なステークホルダー間でCSRに関する認識がますます深まり、CSRの体系的な概念が次第に形成されていく。その一つの到達点が社会的責任の国際標準ISO26000である。

集大成としてのISO26000

2010年に社会的責任に関する世界の共通言語として発行されたのが、世界最大の標準化機関、ISOが発行したガイダンス文書、ISO26000である。この規格は2001年にISOの消費者政策委員会COPOLCOで、CSRの国際標準をISOが策定すべき、との提言がなされたのがきっかけであった。つまりステークホルダーとしての消費者やコンシューマリズムの分野でも企業の社会的責任が関心事となり、世界最大の国際標準化機関であるISOがこの分野で国際規格をつくろうと動きだしたのである。

ISOは工業規格の分野をはじめ、あらゆる分野の国際標準の開発・普及によって、グローバリゼーションを促進するとともに技術の伝播や社会の利便性向上に大きな役割を果たしてきた。ISOは環境分野では環境マネジメントのISO14001という広く普及した世界標準を作ったものの、より幅広い概念である持続可能な発展という分野はISOにとっては未開拓分野であった。ISOの戦略文書（ISO Strategic Plan 2011-2015）では、世界が直面する持続可能な発展という課題こそ、今後ISOが手掛けるべき分野だとしている。そして、世界が抱える問題解決に資するという使命感だけではなく、民間機関であるISOとしてそこに巨大な市場のニーズがあることも十分踏まえた戦略であるとしている。その後も2017年に持続可能な調達規格ISO20400が発行された。いわゆるISO26000のファミリー規格である。

ISOでは、すべての組織が持続可能な発展のために果たすべき社会的責任、というコンセプトでISO26000を開発することにした。2000年以降、各方面で関心が高まっていたものの、さまざまな文脈で解釈され概念定義や共通言語の確立ができていなかったこの分野に、拠り所となる国際標準としての解釈をもたらしたのがISO26000である。

この規格はCSRの規格として世界中で理解され、活用されているが、その本来の性格は企業だけではなくすべての組織のためのガイダンス（手引書）である。持続可能な社会の実現には企業だけが責任を果たせばよいものではない、という考え方が根底にある。この点はSDGsの達成においても全く同じである。現代の環境問題や貧困問題などの課題は、複雑に諸要素が絡み合っており、ありとあらゆる角度から必要な関係主体が手段を講じてシステマティックな解決を図っていく必要があるため、さまざまなステークホルダーの協調行動が重要となる。そして協働の前提となるのは、問題そのもの共通認識・共通理解である。

この開発コンセプトもユニークであったが、5年にわたるISO26000の策定プロセスもユニークであった。まず何といっても特徴的なのは、ISOの長い歴史上初めて、政府・企業・労働・消費者・NGO・その他有識者という6つのステークホルダーが対等な立場で対話して、合意を形成するマルチステークホルダー・プロセスを採用したことである。また、ILOやWHOをはじめ多くの国際機関も参加したほか、ISO規格として前例を見ない多くの途上国の参加も特徴にあげられる。さらに、ジェンダーバランスにも配慮して、代表性や多様性を尊重し、コンセンサスを一つ一つ確認しながら進めていった。多様な意見を尊重し、ステークホルダー間の合意形成を何よりも重んじる方式のため、結局2010年まで5年もの歳月を要したが、この手間暇かかるやり方が、完成した規格の正統性の根拠となり、普及浸透のうえでも大きな力となった。

ちなみに、日本産業界は経団連を中心にこの規格策定に積極的に参加した。比ゆ的にいうと、「赤ペンではなく黒ペンで」、つまり日本産業界としての原案を作成してどんどん提案していくことに力を入れた。結果的に、プロセス規格ではなく具体的なアクションのヒントとなるパフォーマンス重視の規格とすべきであること、さらに規格の構成や根本原則、取り上げるイシューから具体的なテキストにいたるまで、各所にその提言が組み込まれている。また規格発行後は、経団連企業行動憲章の改定を行って、国際標準となった体系的な社会的責任規格の内容を憲章と実行の手引きに取り入れた。

その他詳細の解説は拙著『ISO26000を読む』にゆずるが、社会的責任に関する共通言語確立への寄与という点において最も重要なのは、社会的責任の定義である。ISO26000における社会的責任の定義は、まず「社会や環境に与える影響（インパクト）に対する組織の責任」である、と短く定義したうえで、
（１）持続可能な発展に貢献すること
（２）ステークホルダーの期待に配慮すること
（３）国際行動規範を尊重すること
（４）環境や社会への配慮を組織の活動の中に統合（integrate）すること
（５）組織が生み出す製品やサービスに、また活動のプロセスに組み込むこと
（６）影響力の範囲に働きかけながら進めること
が必要としている。

●図表１－４－２　ISO26000による社会的責任の定義

組織の決定及び活動が社会及び環境に及ぼす影響に対して、次のような透明かつ倫理的な行動を通じて組織が担う責任。

―健康及び社会の繁栄を含む持続可能な発展に貢献する
―ステークホルダーの期待に配慮する
―関連法令を順守し、国際行動規範と整合している
―その組織全体に統合され、その組織の関係の中で実践される

注記１　活動は、製品、サービス及びプロセスを含む。
注記２　関係とは、組織の影響力の範囲内の活動を指す。

出典：「ISO26000社会的責任の手引き」（2010年）

実は、社会的責任の定義を合意するまでに作業部会では1年半という長い時間を要した。合意点を見出すまでにいかに多くの議論があったか、また、CSRをめぐる理解がいかに多様であったかを示している。この定義は、規格発行の翌年に策定された欧州委員会によるCSRの定義にも影響を与えている。CSRの普及や発展につながる大きな礎を築き、グローバルに共通なCSRの概念を樹立したという意味で、ISO26000は大きな役割を果たした。

●図表1－4－3　社会的責任の中核主題

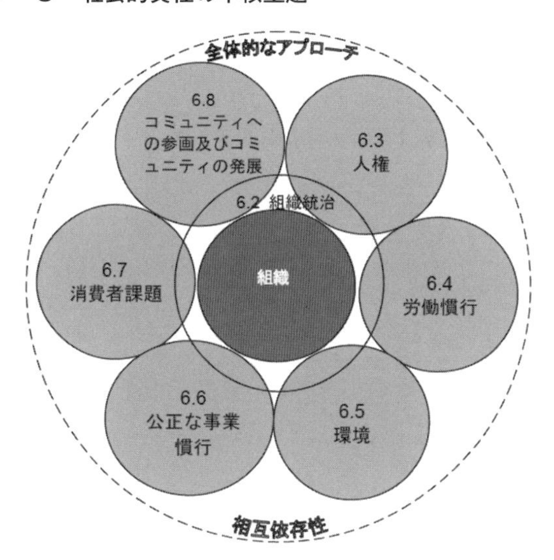

出典：「ISO26000社会的責任の手引き」（2010年）

ISO26000は、社会的責任に関する世界で初めての包括的、体系的な文書である。それまで、社会的責任に関係する環境保護、人権・労働、ガバナンスなど個別分野で既存文献やガイドなどはあっても、ここまで深いレベルで各課題を網羅して掘り下げ、体系化したものはない。社会的責任の定義に加えて、7つの中核主題を明示して責任の範囲に何が含まれるのか、どんなアクションが奨励されるのか、明確に示したことの意義は大きい。

取組課題としての７つの中核主題の中では、現在のCSRにおける重要課題となっている人権に関しての記述が、特に新たな価値を生んだ部分だ。2008年に国連人権理事会で承認された「ビジネスと人権に関するフレームワーク（通称：ラギーフレームワーク[12]）」を全面的に取り入れて、国家の役割と民間組織の役割の違いをふまえたうえで、人権侵害を未然に防ぐデューディリジェンスを行うべきである、という考え方を示したことに大きな意義がある。

●図表１－４－４　人権デューディリジェンスとは

「ビジネスと人権に関する指導原則」では、人権を尊重する仕組みとして、企業に、以下のような人権デュー・ディリジェンスを推奨している。

①自社の事業が人権に与える影響の評価（アセスメント）をする
- サプライチェーンや進出先で、自社の事業が人権にどのような影響を与えるのか、アセスメントを実施する。
- 日常の業務は定期的に、また新しい事業を始める場合や事業を大きく変更する場合は事前に行う。
- この段階で、影響を受ける人々との協議を組み込む。

②企業内部でアセスメントの結果を活かす仕組みをつくる
- アセスメントの責任者や担当部門を設置する。
- アセスメントの結果を、事業決定や予算策定、監査などの社内プロセスに活かす仕組みをつくる。
- 取引関係によって他企業が関わる場合、人権への影響の深刻さ、取引関係の性質などを考慮しながら、予防と対処に協力を得る。

③取り組みを追跡して評価（evaluation）をする
- 対処の結果を、適切な質的・量的指標に基づいて継続的に評価する。
- 追跡評価によって、人権方針が事業活動に反映されているか、人権への影響に効果的な対応ができているかを判断し、事業活動の修正や変更を行う。
- 影響を受けた人々を含む、企業内外からのフィードバックも活用する。

④外部へ取り組みを公表・報告する
- 自社のアセスメントを反映するとともに、読み手がアクセスしやすいような公表・報告方法とその頻度を確保する。
- 読み手が企業の取り組みを評価できるよう、十分な情報を提供する。

出典：「企業行動憲章　実行の手引き（第７版）」（経団連、2017年11月）

ISO26000は発行後世界中で普及したが、特に新興国・途上国におけるCSR浸透に大きな役割を果たした。さまざまな国においてISO26000は国家規格化された。例えば中国では、2015年にCSRの国家規格としてCSRそのものの基本GB/T36000とCSR報告要領GB/T36001、社会的責任パフォーマンス評価GB/T36002という3つを定めたガイド規格を策定したが、まさにこれらはISO26000をベースにしている。振り返ると、2005年にISO26000作業部会が始まった頃は、中国はこの分野で高い国際水準の規格ができてしまうと中国が不利になると警戒していたのである。しかし、5年後の最終案の採択には賛成投票を投じ、しかも最大の人数の代表団を送り込んできていた。その後の中国の動きを見ていると、国際標準を取り入れることによって中国企業の国際競争力を向上させようと、国家政策としてCSRの普及に力を入れていることがよくわかる。

シンガポールに本拠を置くCSRの推進団体、ASEAN CSRネットワークは、東南アジアでは国ごとに異なるCSRの理解を統一するためにISO26000を活用している。概して言えば東南アジアでは、CSRイコール社会貢献というとらえ方がされている。ISO26000の作業部会の一員で、労働ステークホルダーの立場で参加していたASEAN CSRネットワークのCEO、トーマス・トーマス氏は、「特に社会的責任としての労働問題に対する統一的な理解を促進するうえで、ISO26000はとても役に立つ」と話していた。

---

12 国連事務総長からの諮問を受けて、ハーバード大学のジョン・ラギー教授が取りまとめた、「企業と人権」に関する指針文書。保護、尊重、救済のフレームワークと呼ばれ、人権を保護する国家の義務、人権を尊重する企業の責任、救済手段の実効性の向上、について述べている。

続く2011年に国連人権理事会で承認され、世界中の企業で活用されている「ビジネスと人権に関する指導原則」のベースとなる基本的な考え方を示した、重要文書である。

ISO26000は、規格の目的や対象とする範囲を述べる冒頭の「適用範囲」において、「この国際規格は、組織の持続可能な発展への貢献を助けることを意図している」と明記している。その意味からも、ISO26000はSDGs 実行のための重要な手引きということができる。特に、さまざまな課題をその相互関連に着目しながら、根底にある持続可能な発展という概念を理解したうえで、全体的にとらえることの重要性を強調している点は両者に共通である。ISO26000は持続可能な発展の解説や社会的責任の歴史など、SDGs に取り組む上での基礎的理解に必要な情報も提供してくれる。SDGs は目標の体系であり、そこへ至るまでのアクションを解説してはいない。これに対して、ISO26000では、SDGs を補完する実際の具体的アクション項目や取り組み方法などをガイドしているので、SDG Compass でも推奨しているように、ISO26000を SDGs への取り組み実践に役立つキー・ドキュメントの一つとして有効活用すべきである。

収れんするCSRの定義　キーワードは「統合」

CSR の有力な定義としては、既に紹介した、長いマルチステークホルダー・プロセスの議論を通じて確立されたISO26000による定義がある。これは、文字通り世界の共通言語である。

そしてもう一つ、世界の CSR をリードしてきた欧州委員会による CSR の定義がある。これも、マルチステークホルダーによる対話を通じて深められた理解をベースに練られ、まとめ上げられたものである。

●図表1－4－5 欧州委員会によるCSRの定義

Corporate Social Responsibility
「社会に与えるインパクトに対する企業の責任」

1．法令順守や、関係者間の合意尊重は、その前提である
2．社会的、環境的、倫理的な、また人権や消費者の関心事項を、自らの業務運営や中核的戦略の中に統合する
3．ステークホルダー※と密に協力する
①株主その他ステークホルダー・社会全体との、共通価値の創造を最大化する
②企業がもたらす可能性のあるマイナス影響を明らかにし、予防し、緩和する

※ステークホルダー：企業の活動により影響を受けたり、企業の活動に対して影響を及ぼしたりする利害関係者

出典：「CSRに関するEU新戦略」（欧州委員会、2011年）のCSRの定義を筆者が要約

図表1－4－5に示す定義は、2011年の欧州委員会の政策パッケージと併せて発表されたものである。前年に発行されたISO26000による社会的責任の定義を踏まえており、かつ世界のCSRの理論・実務の進化を反映させたものでもある。短い定義ではISO26000の定義にならって「社会に与えるインパクトに対する企業の責任」である。そして、いくつも重要なポイントが述べられている。

（1）法令順守は社会的責任の前提であるとする。つまりコンプライアンスは当然重要であるが、社会的責任を論じる以前にできていなければいけないもの、という認識である。
（2）CSRはステークホルダーの関心事項を業務運営や戦略に統合することであること。
（3）ステークホルダーとの協働が有効であり、奨励されること。
（4）社会に与えるポジティブ・インパクト（共通価値の創造）は最大化し、ネガティブ・インパクトは予防・緩和して最小化すること。

2002年の同じ欧州委員会の定義[13]と比べて気が付くのは、「自主的に」

の文字が消えていることである。欧州委員会でのマルチステークホルダーの議論では、CSRを義務化すべしとするNGOと、あくまでも自主的な取り組みによるべきだとする企業との長い論争が続いた。2011年の新たな定義を作成した欧州委員会の責任者にこの点を伺ったところ、「CSRを義務化すべきかどうかという議論はもはや終わった。企業が取り組むのは当たり前すぎるほど当たり前と認識されている。義務かどうかを問わず、取り組むべきものと理解されている。だから削除した」とのことであった。CSRの成熟と認識の深まりが、「自主的に」という言葉自体の必要性をなくしたということなのであろう。

こうしてISOと欧州委員会によるCSRの定義を読むと、共通に用いられる重要なキーワードは「統合：integration」である。統合するとは、社会的責任を、経営戦略や日々の事業活動に一体化すること、経営トップから日々の業務に従事する一人ひとりの社員まで、あらゆるレベルでの意思決定に組み込むことを指す。別の言い方をすれば、ISO26000による定義に出てくるように、企業として提供する商品・サービスの中に、あるいはそれを生み出す事業プロセスの中に、環境や人権などへの配慮を、不可分のものとして組み込むことである。

したがって、CSRが本業とは関係のない社会貢献プログラムである、あるいは本業での利益を社会に還元する寄付のような慈善活動である、とするのは正しい理解ではない。念のためだが、社会貢献や寄付は価値がないと否定しているのではない。それらは尊い行為であるし、社会のため、人のためになることは間違いない。大いに奨励されるべきだ。し

13「責任ある行動がビジネスの持続的な成功をもたらすとの観点から、企業が事業活動やステークホルダーとの交流の中に、自主的に社会や環境への配慮を組み込むこと。」（2002年７月、欧州委員会ホワイトペーパーによる定義。下線は筆者。）

かし、現代的な文脈でのCSRの主眼はそこにはなく、より大きなプラスのインパクトを生むために、あるいはマイナスのインパクトを回避するために、経営そのものに持続可能な発展という概念をビルトインすることにある、ということなのである。

それを怠っていると、社会貢献を隠れ蓑にしている、という批判を受ける可能性もある。例えば、事業活動によって貴重な天然林の破壊や環境汚染を引き起こし、あるいはサプライチェーンにおける児童労働・強制労働などを放置しておいて、得た利益によって植林や学校建設への寄付をしていればそれでよい、というわけにはいかない、ということだ。

この統合という言葉は、企業の情報開示においてもよく使われるようになってきた。最近日本企業の間で発行が急増しているのが統合報告書である。従来の財務レポートと、CSRレポートないしサステナビリティ・レポートといった非財務レポートを一冊に統合したものである。これも、サステナビリティの事業への統合・一体化が進んだことの当然の帰結として、企業価値を左右する重要な要素となるのでレポートも自然と一体化していく、と考えるべきであろう。

現実には形づくりから入る企業が少なくないことから、物理的に一冊となっただけの、つまり従来の2種類のレポートを糊付けして表紙を一つにしただけの「ワン・カバーレポート」などと批判されることも多いが、時間はかかっても報告書の真の統合化の試みが、サステナビリティの経営への統合推進力になるので、現状だけを見て一概に批判すべきではないだろう。

また、"統合報告書化"によって、二本立てレポート時代よりもサステナビリティに関する情報開示が後退し、透明性が失われたとのステークホルダーからの指摘がなされることもある。サステナビリティ・レポートも並行して発行し続ける、あるいはウェブサイトでの開示を充実させるなど、多様なステークホルダーの関心に応えるきめ細かい情報開示が求められる。

CSRをめぐる混乱と正しい理解

以上述べてきたISO26000や欧州委員会によるCSRの定義を読めば、CSRは経営に組み込むべきものであって、一般に浸透してしまった「CSRイコール本業とは関係のない社会貢献活動」という見方は決して正しくないことがよくわかる。また、CSRは企業イメージをよくするための広報活動的なもの、という誤った表面的な理解もかなり根強い。もちろん、本格的にCSRに取り組んで成果をあげれば、結果として企業イメージもあがるのは事実であるが、最初からそれだけを目標として取り組むものではない。さらにいえば、「CSR活動」という言葉も、本業とは切り離してCSR部署が行っている特別な活動、というニュアンスで使われており、本来のCSRの理解からは遠い言い方だ。

また、「我が社は環境問題に積極的に、本業で取り組む。決してCSRとしてではない」といった類の言いまわしもよく耳にするところである。CSRイコール社会貢献という理解がベースにあることを示す言い方だ。本当は、まさに本業としての、環境関連の商品・サービスの提供や事業プロセスにおける環境配慮によって環境問題の解決に取り組むことこそが、CSRなのである。

CSRの本質をしっかり理解して、本来の定義どおりに経営への統合が進んでいる企業も増えつつある。しかしそうはいっても、全体から見ればまだ少数だろう。つまり先進企業と、そうでない多くの企業との間で二極化が進んでおり、一般市民の理解は多数の企業の現実の方を反映している。この理念と現実とのギャップが縮まり、CSRの本来の定義への理解が広まるまでには、残念ながらこの先時間がかかるであろう。

こうした現実をふまえて、OECDはRBC（Responsible Business Conduct：責任あるビジネス行動）という言葉を使う。その意図をパリのOECD本部を訪ねた際に確認してみたところ、特にアジアではCSRというと社会貢献のことだと誤解されている。従って、サプライチェーンにおける人権・労働への配慮を最優先課題として広めていく、つまり事業プロセスに児童労働や強制労働の廃絶など人権・労働の配慮を組み込んでいきたいOECDとしては、CSRという言葉は使いたくないのだ、と述懐してくれた。

また、インドでは2014年に施行された改正会社法で、CSRに純利益の２％を支出することが義務化された。本来のCSRの定義からすればこれはおかしい。本業と不可分一体化されたものであれば、CSRだけのコストを切り出すことはできないからだ。しかし、これも途上国の現実ではある。インドでは、TATAやゴドレージなどの大財閥は、関連の財団をつくって学校や病院建設などの社会貢献事業を行っている。本業でも取り組むと同時に、大企業の責務として、国の福祉政策の一部肩代わりともいうべきこうした支出を行っているのである。

何度も繰り返すように、決して本業と関係しない社会貢献活動が悪いわけではなく、それも社会的価値を生むりっぱな活動だ。しかし、企業の強みを生かしてはるかに大きなインパクトを生み社会を変えていくのは、やはり企業の本業を通じた取り組みである。大きな社会変化を目指しているSDGsの時代のCSRを考えるうえで、特にこの点は強調すべき重要なポイントだ。そしてもう一つ、決して忘れてはならないのが、後述する社会に与えるネガティブ・インパクトへの対処である。

CSVとCSR

CSRを正しく理解するうえでもう一つ触れておかなければならないのが、CSV（Creating Shared Value：共通価値の創造）との関係だ。CSVとは、2011年にハーバード大学のマイケル・ポーター教授が競争戦略の視点から提唱した概念だ[14]。社会的課題の解決が企業価値の向上につながり、企業と社会双方に新たな価値をもたらす。したがって企業は社会との共通価値の創造を事業戦略とすべし、と述べたものだ。具体的な事例として、このCSV理論の先行的実践企業として自他ともに認めるネスレの、農村における酪農家への支援が強固なサプライチェーンをつくり自社の経営にとってもプラスとなったケースをあげている。

特にCSRが競争戦略とは無関係の社会貢献にすぎないと考えていた人々にとっては、斬新で衝撃的な理論であった。また、競争戦略の土俵で語ったことで、経営層にも受け入れやすい理論であった。

14 マイケル・ポーター、マークR・クラマー『競争優位のCSR戦略』（ハーバード・ビジネスレビュー、2008年１月）。その中で言及した「CSV：社会と共有できる価値を生み出す」ことに関する考察をさらに深めたのが以下の論文。Michael E. Porter and Mark R. Krammer, “Creating Shared Value, Harvard Business Review, January-February 2011.

「これからはCSRではなくCSVだ」という言い方もなされた。「CSRは死んだ、CSRは古い、これからはCSVだ」と力説されることすらあった。しかし、こうした言い方はもうおわかりのように、CSRを単なる社会貢献や広報戦略として見ているからである。前述のようなCSRの定義に照らせば、実はCSVはCSRの本来あるべき姿の一部であることがわかる。実際、前出の欧州委員会の2011年の定義ではこのCSVをCSRの定義に取り込んでいる。それは社会にもたらすポジティブ・インパクトを最大化することに該当するのであって、本来、CSRはCSVを包含しているのである。

こう書いていると、それは要するに言葉の使い方の問題なのであって、CSRをどう定義するかで変わるのだから、どちらでもよいではないかと言う声も出そうだ。しかし、気をつけなければならないのは、取り組みが容易な、そしてアピール効果の大きい課題だけを選別して取り組むいいとこどり、いわゆるチェリーピッキングだ。共通価値の創造、という言葉にとらわれてポジティブ・インパクトだけに目が向くと、企業が社会や環境に与えるネガティブ・インパクトへの対処の方に目が向かなくなるおそれがある。

CSV論がもてはやされる中でこうした懸念を示したのが、2014年に企業やNGOなど各セクターのCSR有識者有志によって公表された「CSRとCSVに関する原則」である。そこでは、CSRの理解はISO26000で確立された体系的な社会的責任の概念に基づくべきである、としている。つまり人権・労働といったCSRの重要テーマが含まれていることを忘れてはならず、例えばサプライチェーンにおける児童労働などの、ネガティブ・インパクトに目を向けないことに対する警告を発しているのである。

●図表１－４－６　CSRとCSVに関する原則（要約）

1．CSRは企業のあらゆる事業活動において不可欠です。

2．CSVはCSRの代替とはなりません。

3．CSVはCSRを前提として進められるべきです。

4．CSVが創り出そうとする「社会的価値」の検証と評価が必要です。

出典：「CSRとCSVを考える会」ウェブサイト

このCSVに関する懸念は、SDGs時代においても同様に留意する必要がある。課題解決へのプラスの貢献が注目を集めるが、一方で企業はマイナス影響への対処もしっかり行う必要がある。ISO26000や欧州委員会のCSRの定義にあるように、ポジティブ・インパクトを最大化し、ネガティブ・インパクトを最小化することが、企業の社会的責任であるという理解を常に基本に置く必要があるのだ。

日本のCSR概観

近江商人の家訓と言われる「三方よし（売り手よし、買い手よし、世間よし）」は日本のCSRのルーツと呼ばれることが多い。確かに商売の基本を押さえたものであり、今に通じる考え方である。しかし、時代背景の違いにも目を向けなくてはならない。江戸時代は世界と途絶された鎖国の時代であった。また経済成長のない定常経済社会であった。それに比べて現代社会に生きる私たちは、グローバリゼーションで否応なしに世界とつながり、開発と環境の統合的解決という難題を抱えている。グローバルな視点とサステナビリティの要素を加えないと、現代的な意味合いでのCSRにはならない。

現代的意味合いでの日本のCSR元年は、2003年だと言われることが多い。事実、2003年に初めて、リコー、ソニーといった日本企業にCSRという名前の部署が創設された。その後、国内各企業でCSR方針の確立、担当役員の任命、担当組織の新設など、CSR推進体制の整備が進んでいく。経団連の調査結果は、2005年がこうした体制整備のピーク年であったことを示している。

●図表1－4－7　CSR推進体制・制度の導入年

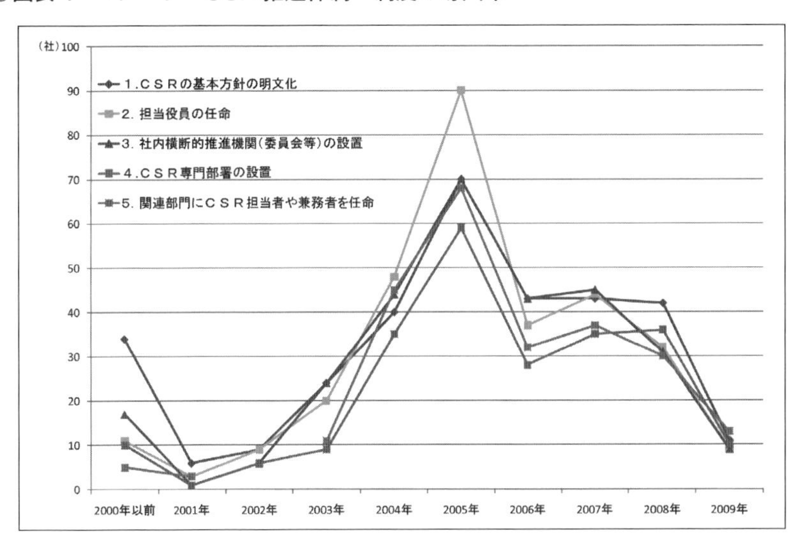

出典：「CSR（企業の社会的責任）に関するアンケート調査結果」（経団連、2009年）

日本におけるCSRは、欧州の場合と違って政府の戦略や政策的な関与が少なく、グローバルビジネスを行う上で不可欠な要素だと気づいた企業自身が主体的に取り組んできたという特徴がある。なかでも重要な推進エンジンの役割を果たしてきたのが、そうしたグローバル企業が会員となっている経団連であり、その企業行動規範としての企業行動憲章である。憲章改定の歩みを振り返ってみると、日本のCSRの進化の過程がよくわかる。

企業行動憲章は、1991年に金融不祥事が相次いだことを受けて策定されたもので、当初は企業倫理憲章的な意味合いを持っていた。その後に何度か改定を重ねて現在に至っている。まず2004年には、国内外でのCSRをめぐる動きを受けて、「持続可能な発展」という概念や「人権の尊重」が初めて盛り込まれた。2010年の改定では、同年に発行された社会的責任の国際規格、ISO26000の要素を組み込んで、国際標準と整合性のとれたものとなった。そして2017年には、ビジネスと人権に関する指導原則、SDGs、パリ協定などの新たなグローバル規範を組み込み、「企業は持続可能な社会の実現を牽引する」との積極的な立場を憲章の前文の中で明確にしている[15]。

こうした経緯を振り返ると、経団連企業行動憲章は、重要な国際規範を節目節目で取り入れることによって、会員企業が自社の行動規範にも取り入れることを促すなど、日本企業が国際規範を内在化するための媒介役を果たしてきたとみることができる。

15 この2017年の改定の背景は、実行の手引き（第７版）の「企業行動憲章改定の背景」（p. 2～p. 10）にまとめて解説されており、SDGsを経営に組み込む必要性を理解するのに役立つ。是非参照いただきたい。憲章および実行の手引きは経団連のウェブサイトからダウンロード可能である。

●図表1－4－8　経団連企業行動憲章改定の歩み

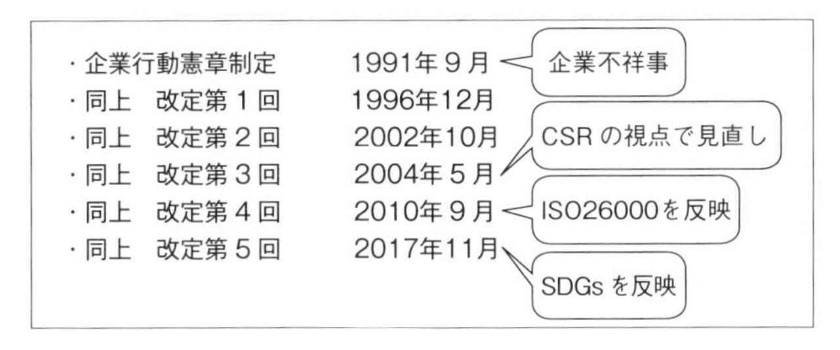

出典：筆者作成

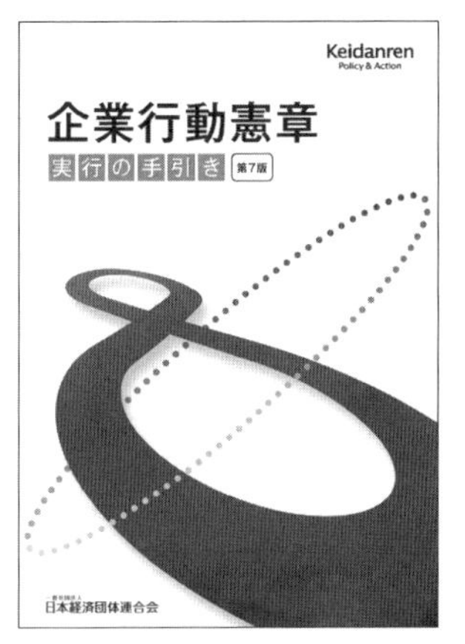

企業行動憲章と実行の手引き（第7版）（2017年）

2017年の改定の柱となっているSDGsに関しては、日本政府としての戦略でもある人間中心の超スマート社会、Society 5.0の実現を通じたSDGsへの貢献を明確にしている。AI、ビッグデータなどの革新的なデジタル技術を活用して、一人ひとりのニーズにきめ細かく応えながら、社会全体を最適化する、これがSociety 5.0の実現を通じてSDGsの達成につなげるシナリオである。SDGsの達成に必要な大変革、すなわちトランスフォーメーションを起こすために、日本産業界として大きな貢献をしようという考え方である。憲章の第1条および実行手引きの解説で述べている。

●図表１－４－９　Society 5.0

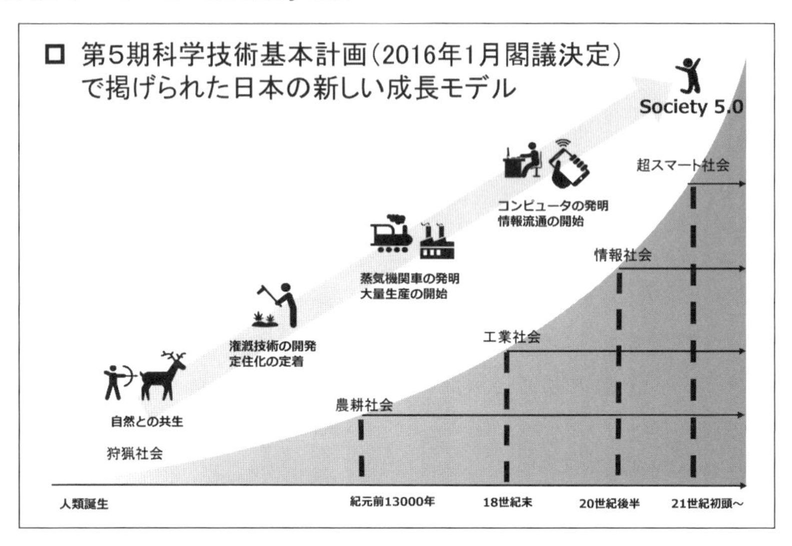

出典：「企業行動憲章　実行の手引き（第７版）」（経団連、2017年）

もう一つの改定の柱は、人権の尊重に関する条文を新設し手引きの記述を追加したことである。人権に関しては、2004年の改定で憲章の前文に「人権の尊重」という文言が入ったが、ラギー原則やビジネスと人権に関する指導原則といった国際的な人権マネジメントの規範を本格的に取り込んだのは2017年の改定においてであった。憲章の第４条では「すべての人々の人権を尊重する」と掲げ、具体的には、実行の手引きで以下の３項目を示している。

①国際規範としての人権への理解を深めること

②人権尊重のマネジメント体制を構築すること、すなわちビジネスと人権に関する指導原則に則った人権デューデリジェンスを実践すること

③人権侵害を起こさないだけでなく、包摂的な社会の構築に積極的に貢献することによって脆弱な人々の人権を増進すること

企業行動憲章は何度か改定を経ているが、経団連は一貫して会員企業に責任ある行動を積極的にとるように促している。その基本方針は、2004年2月17日に発表した「企業の社会的責任（CSR）推進にあたっての基本的考え方」に明確に書かれている。そこには、

①経団連は CSR 推進に積極的に取り組む
②CSR は官主導ではなく、民間の自主的取り組みによって進められるべきである
③企業行動憲章および実行の手引きを見直し、CSR 指針とする

以上3点が述べられており、自らが産業界主導の CSR の推進の中心となること、そして企業行動憲章をその拠り所に位置付けることを明確にしている。

これからの日本の CSR 進化に必要なもの

これまで、日本企業の CSR は、CSR の先進地域である EU 市場でビジネスを展開する電機メーカー等が先頭集団として先駆けて、担当部署の設置や CSR レポート発行などの実践において日本企業 CSR を牽引してきた。政府による規制や投資家・NGO といったステークホルダーからの圧力によるものではなく、企業セクター自身による主体的な取り組みで進めてきたという特徴がある。

むろん、主体的な取り組みはよいことである。しかし、企業の力だけで持続可能な社会を実現することは不可能だ。SDGs の時代は、長期の

時間軸で社会全体に大きな変化を起こすことが必要だ。そのためにはこれまでの企業自身のイニシアチブに加えて、ステークホルダーが同じベクトルでそれぞれ役割を果たすことがどうしても必要である。

まず、政府に求められるのは何よりも長期ビジョンを示すことである。自らの政策ビジョンに環境や人権、持続可能な発展を組み込んで、ゆるぎない方向性を示すことだ。政治が短期主義になると、必要な大きな変化が起こせない。政策に一貫性がなければ企業も確信を持って変化に向けた投資はできない。今の日本に求められているのは、明確なシグナルを出す、この政治のリーダーシップである。既存の政策をSDGsの17の目標に紐づけて（マッピングして）いるだけでは変化は何も起きない。国民に、進むべき持続可能な社会の将来像を明示することだ。

そして、投資家、メディア、労働者、消費者、NPO／NGOなどのステークホルダーにおいても、サステナビリティを主流化することである。この点も、欧州と日本を比較すると大きく異なる点だ。欧州でESG投資が最も普及しているのも、サステナビリティという価値の主流化が歴史的に進んでいるからだ。街に有機食品を売るスーパーが多いのも、飲料をリユース容器である瓶で売っているのも、消費者がそれを選好するからだ。欧州委員会が常に新しいCSR政策を打ち出してきたのも、活発に意見具申をするNGOなどステークホルダーの力が作用しているからだ。欧州の企業は大きな政策枠組みの中で、サステナビリティを価値観として共有しその実現に向けて積極的に行動すると同時に、時には厳しく企業にモノ申すステークホルダーの関与にさらされ、自らのCSRを鍛え上げてきた歴史がある。

日本企業のCSRがさらなる進化を遂げるのに必要なのは、こうしたさまざまなステークホルダーとのエンゲージメント[16]である。そして、前提として必要なのは、ステークホルダーが意見を持ち自ら行動する主体としてより成熟することである。残念ながら、一般市民の SDGs の認識度はまだ低い。2017年度のジャパン SDGs アワードで総理大臣賞を受賞した北海道下川町のように、町長の強いリーダーシップのもと、町民が参画して2030年にありたい姿をまとめた自治体も出てきてはいるが、一般的にはまだこれからだ。SDGs は世界のステークホルダーが関与して策定された共通目標であり、こうした住民参加型の長期目標づくりにおいても、そしてそのための対話の材料としても、格好のツールだ。

SDGs 時代の CSR はいかにあるべきか

企業がいかに SDGs に取り組むべきかを、具体的に示す手引書がある。WBCSD、国連グローバル・コンパクト、GRI という世界の CSR をリードする３団体が共同で開発し、SDGs 採択と同時に2015年に発表された SDG Compass という文書だ。SDGs 時代に対応する新時代の手引書であり、そして実はオーソドックスな CSR の教科書でもあると言える。取り組みのステップは図表１－４－10の通り「1．SDGs を理解する」「2．優先課題を決定する」「3．目標を設定する」「4．経営へ統合する」「5．報告とコミュニケーションを行う」となっているが、その中に書かれた、SDGs 時代に企業が注目すべき特に重要な考え方を

16 ステークホルダー・エンゲージメントとは、企業とステークホルダーが、意見を交換し、期待を明確化し、意見の差異に対処し、共通基盤を特定し、解決策を創造し、信頼性を構築することに関する双方向メカニズムを指す。経団連企業行動憲章実行の手引きでは、「企業が社会的責任を果たしていく過程において、相互に受け入れ可能な成果を達成するために、対話などを通じてステークホルダーと積極的にかかわりあうプロセス」と定義している。

あげてみよう。

●図表１－４－10　SDG Compassの５つのステップ

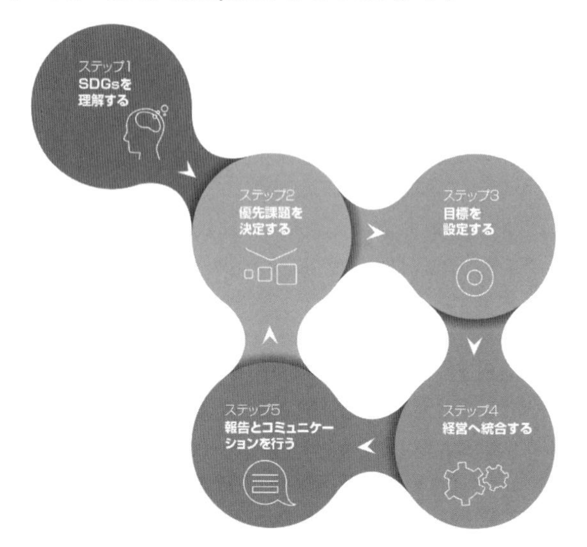

出典：「SDG Compass：SDGsの企業行動指針」（IGES翻訳による日本語版）

バリューチェーン思考

一つめは、バリューチェーン全体を俯瞰して、ネガティブ・インパクト、ポジティブ・インパクト両方の視点から、インパクトの大きいエリアを特定することである。バリューチェーンというのは、原材料の調達から、製造、販売、消費者の巻き込みまで、事業活動のすべてを含む。企業を中心にみるといわゆる上流と下流の両方を含んでいる。ちなみに類似の概念でサプライチェーンがあるが、これは通常、上流のみを指す言葉だ。

したがってバリューチェーン思考で見てみると、上流では例えば食品会社が原材料を供給する農家が抱える問題や農業従事者の労働条件にまで配慮すること、下流では消費段階でのエネルギー効率、消費者の安全や子供の権利を守ることなどが視野に入ってくる。これまでにない広い範囲へと視点を拡大することが必要である。

広い対象範囲の中から、SDGsの文脈で重要と思われる、自社が社会や環境に与えるインパクトを洗い出して特定する。その際には、ポジティブ・インパクトだけではなく、ネガティブ・インパクトも同時に洗い出すことが必要だ。

企業はどうしても通常、身近な問題、社内の問題、直接コントロールが及ぶ範囲で課題を洗い出しがちだ。しかし、例えば自社のコントロールが直接効かないサプライチェーンの上流にまでさかのぼって、インパクト・エリアを洗い出す必要がある。一般的に、自社からのつながりが薄く、遠くなればなるほど、取り組みにおいて他者との協働の必要性が高まるだろう。

アウトサイド・イン

ふたつめのポイントは、アウトサイド・インで目標を設定することである。これは外部環境を起点として、何をすべきかを考えることだ。わかりやすい例は気候変動だろう。国際合意となった2℃目標を達成するために必要なことは何か、何をなすべきか、今私たちは考えて行動することを求められている。残念ながら現時点の取り組みをそのまま継続しても2℃目標達成は不可能だ。現在の状況からの積み上げ方式で目標設定をする、つまり逆のインサイド・アウトではイノベーションは生まれず、高い目標にも到達できない。したがって、これまでの延長線で考えるのではなく、達成すべき目標から逆算して何を変えなければならないか、という順序で考える必要がある。

関連して、フューチャー・フィット・ベンチマーク（Future Fit Benchmarks）という考え方も推奨している。これは、要するに、未来の常識となることを基準に考えることである。通常行われているベンチマーキングとは、例えば現時点で先駆けている同業他社を目標とし、追い付け追い越せと考えるものである。そうではなく、今後大きな変化が起こることを想定して、現在はまだ誰も到達していなくても将来はここまで達成しないと競争優位に立っていられないであろうという基準を設定すべきとする。これも長期的に大きな変化を起こすためには有用な考え方だ。

まとめと今後の課題

CSRはジャーニー（長い旅）だとよく言われる。目的地ははるか遠く、歩み続けない限り近づくことはできない。容易に到達できないが、しかし歩むにつれて確実に景色は変わっていく。到達地の景色は出発地とは全く異なっているであろう。

既に述べたように、現代的な意味合いでのCSRの概念は、2000年以降、理論と実践が進む中で収れんし洗練されてきた。しかし、企業が本来の定義通りのCSRを理解し実践できているかと言えば、残念ながらそうではないし、まだ多くの企業は長い旅路の出発点からほど近いところにいる。中には、目指すべき目的地とは違う地点を目的地に設定してしまった企業もあるかもしれないし、また進むうちに道に迷う企業もあることだろう。

その中で、SDGsはいわば長い旅路の目的地そのもの、とも言える存在であり、今すぐに到達はできなくても、その方向をめざして近づく努力をすべき対象だ。誰もそこへは連れて行ってはくれない。どうしたら近づき到達できるのか、自分の頭で考えて、自分の目で道を確かめながら、自らの足で歩くことが必要だ。

そう考えてみると、SDGsはさまざまな誤解も生じているCSRの本質を今一度深く考え直し改めて理解するよいきっかけとなり、そのことを通じて、これからの時代の企業と社会とのあるべき関係を見つめ直し、本物のCSRを社会に広く浸透させるための強力な推進力になりうる。

幸い、SDGsは先進国・途上国を問わず世界の共通言語となり、また企業とすべてのステークホルダーとの間の共通言語ともなった。SDGsはSBDs（Sustainable Business Development Goals: 持続可能なビジネス開発目標）だという言い方もされるようになった。SDGsを事業戦略に組み込むことは、まさにサステナビリティを経営に統合することであり、企業に限らずすべての組織がつまり社会全体が目指し向かうべき方向でもある。

事実、これまでにない大きな関心がSDGsに寄せられ、世界中の企業が注目し既にアクションを起こし始めている。間違いなく、これは一時的なブームで終わることのない確かな潮流だ。その中で、繰り返しにもなるが、企業は以下のようなアプローチでSDGsに取り組むことが求められている。

① SDG Compassの第１ステップにあるように、まずはSDGsそのものの本質をしっかり理解することが必要だ。理念や根本にある原則をしっかり押さえ、全体を理解し、そして目標相互間の関連などに考えをめぐらせることだ。そのためには、何と言っても採択文書全文を熟読することから始めなければならない。

② SDGsを、断片化してしまった「CSR活動」を棚卸しして、事業と一体化した新たなCSR戦略を構築するよい機会とする。そのためには、CSR部門だけでなく会社全体で議論し、同時にステークホルダーとの対話を重ねることが必要だ。17の目標と自社の既存取り組みとの関連性を考えて紐づける「マッピング」は、あくまでもその初期段階の作業であり、そこで終わらないようにしなければならない。

③ 17の目標レベルだけで考えるのではなく、169のターゲットレベルで具体的に考えることが必要であり、かつ有効である。ターゲットにはインスピレーションに富む、取り組みのヒントが満載である。さらにいえば、世界の課題が169しかないということはあり得ない。発想を豊かに持てば、身近な地域の課題からグローバルな課題まで、いくらでも取り組み課題は見つかるはずだ。

④ 具体的に取り組むうえでの参考文書としては、SDG Compassに加えて、例えば、この分野でのグローバルな最新トレンドを取り入れ、SDGsへの積極的な取り組みを促して経営への統合手法も解説している、経団連企業行動憲章および実行の手引き、加えて経団連のイノベーション事例集などを活用するとよい。

第2部

SDGsへの取り組み
実践のヒント

Topic 1 ESG 投資と SDGs

サステナブル投資の歴史

2015年は SDGs とパリ協定というふたつの重要な国際合意が採択された、持続可能な発展にとってまさに歴史に残る画期的な年であった。欧州の Brexit やトランプ政権のアメリカ・ファースト政策など、自国利益優先によって分断されかねない国際社会の未来にとって、連帯を強めるこの２つの合意の実践は政治的にも極めて重要だ。

SDGs やパリ協定の目標達成に向けた実践を、資金面から後押しするのがサステナブル投資だ。これらの目標達成に企業の果たす役割が注目されるとともに、その流れを促進する投資家の役割にも、かつてないほどの注目が集まっている。

かつてはキリスト教の教会がその宗教的倫理感から、保有資産の運用においてアルコール、タバコ、兵器などの関連企業への投資を避ける倫理的投資が行われた。これが現在のサステナブル投資の起源だと言われる。今でも、ネガティブスクリーニングと呼ばれるその投資手法は健在だが、現在のトレンドは ESG 投資と呼ばれる、投資判断に環境・社会・ガバナンスの要素を組み込む手法であって、今や投資の中でのメインストリーム化が進んでいる。

ESG 投資は、上記ネガティブスクリーニングや規範的投資、インパクト投資など、何らかの手法で投資判断に持続可能性の観点を組み込むサステナブル投資の一手法だ。2006年に国連が ESG 投資を提唱して立ち上げた責任投資原則（PRI）には、当時数十の投資家等が署名したのみであったが、その後世界の機関投資家が続々と署名し、2,000を超えるまでになった。その間 ESG 投資は欧米を中心にこの10年で大きく成長した。

●図表２－１－１　世界のサステナブル投資の伸び

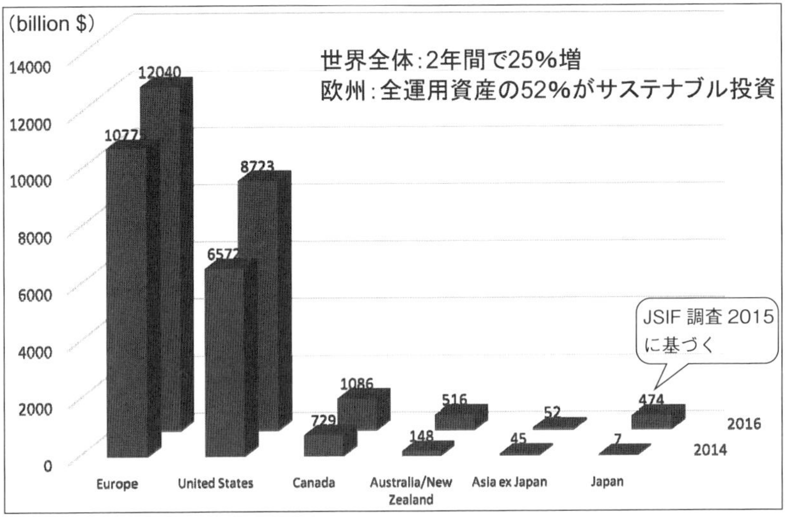

出典：GSIA（2016）"Global Sustainable Investment Review" をもとに筆者作成

かつて社会的責任投資（SRI）と呼ばれていた頃は、総じてニッチな手法であり、投資リターン最大化の目的には合わず、環境や社会の配慮など余計な要素を組み入れるのは運用委託者の利益を損なうことになり受託者責任に反するとされてきた。これに対して ESG 投資では、むしろ投資先の中長期的な企業価値の評価には ESG の考慮が欠かせないととらえる。近年、企業が、戦略的に環境や社会への配慮を事業活動に組み込む傾向が高まるにつれ、投資家は、投資リターン向上のためにも ESG 要素を考慮することが合理的であり、社会の要請や運用委託者の利益にもかなうという、新たな受託者責任論の考え方が主流となりつつある。

国内で急拡大するESG投資

国内でも、2015年には世界最大の公的年金基金であるGPIF（年金積立金管理運用独立行政法人）がPRIに署名するというビッグニュースがあった。世界の主要年金がすでに署名している中で、遅ればせの署名ではあったが、日本の機関投資家の代表であるGPIFもついに責任投資にコミットしたとして世界的にも大きなニュースとして扱われた。署名機関はPRIの原則４で、ESG投資普及拡大に向けて他の投資関係者に働きかけることを求められており、大きな影響力をもつGPIFのPRI署名は、特にこの点においてのインパクトが大きい。

また、政府の政策もESG投資を後押ししている。金融庁が行った2014年の機関投資家向けスチュワードシップ・コード、2015年の上場企業向けコーポレートガバナンス・コードの制定がそれである。これらはもともと企業の中長期的価値向上を通じて日本経済の再生を図ろうという、アベノミクス政策の一環ではあったが、いずれのコードにおいても、企業と機関投資家が、中長期的企業価値向上に向けて「建設的で目的のある」対話を行うことを求めており、その対話テーマにはESGが含まれていることから、政策的にESG投資を促進するものとなった。

欧州を筆頭に、米国、オーストラリアなど世界各地で進むサステナブル投資の主流化のなかで、日本国内では1999年に社会的責任投資元年と言われエコ・ファンドなどの投資信託商品が発売されたものの、機関投資家が投資に消極的であったために残高は伸びず、きわめてニッチな存在だった。しかし、対になる２つのコードの制定と、GPIF の PRI 署名があいまって、国内で ESG 投資が飛躍的に拡大をとげるための強い推進力がようやく生まれた。

一方、企業側でも、SDGs を事業機会としてとらえるなど、サステナビリティを経営戦略に組み込む動きが強まっており、財務・非財務報告を一本化した「統合報告」に取り組む企業数が急増している。このように、投資家側も企業側も、ESG を将来の企業価値を左右する重要な要素としてとらえて行動するようになってきている。

欧米に大きく後れを取っていた日本でも、こうしていよいよ ESG 投資促進の環境が整ってきたといえる。

●図表２－１－２　ESG 投資と SDGs の関係

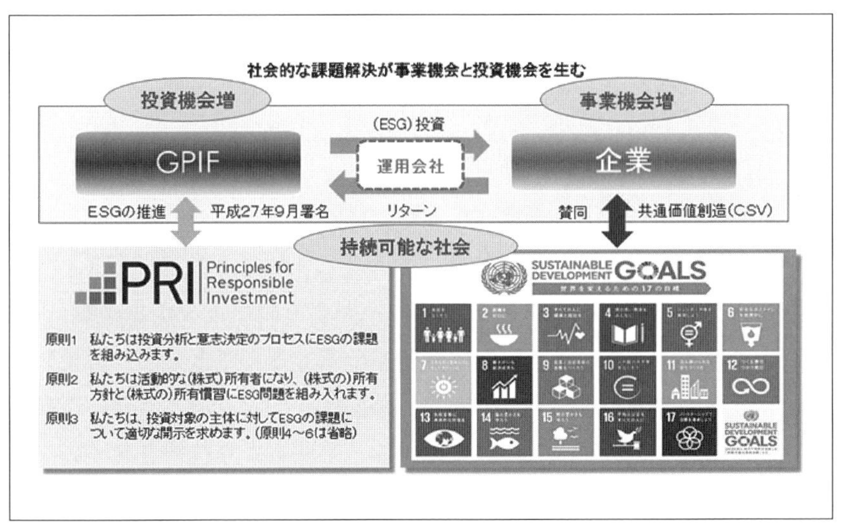

出典：GPIF ウェブサイト

SDGsインデックス

SDGsに関連する株式インデックスも次々に開発されてきている。例えば、多くのサステナブル投資インデックスを提供しているMSCIは、SDGsに取り組む企業への投資の流れをつくろうと、"MSCI ACWI Sustainable Impact Index" というSDGsインデックスを2016年４月に発表した。

このインデックスでは、まずSDGsの17の目標を基本的ニーズ、エンパワーメント、気候変動、自然資本、ガバナンスの５つのカテゴリーにグルーピングする。そして、そのカテゴリーに関連する商品・サービスの売り上げが総売り上げに占める割合を計算し、割合が高い企業をSDGsへの貢献が高い企業とみなしてインデックスに組み入れる。実際にはこの割合が50%を超え、さらに一定のESG基準を満たす上場企業が、組み入れられている。

当面はSDGs関連商品・サービスの売り上げの多寡で判断するわけだが、将来は実際にSDGsの達成にどれだけ寄与したか、つまりインパクトを測定して組み入れの判断基準にするとしている。厳密にSDGsへの貢献をインパクト・ベースで数値的に把握するのは、なかなか難しい。しかし、企業によるSDGsに関する情報公開も進んできており、インパクト評価への関心も高まりつつある。時間はかかるであろうが、これからもこうしたインデックスの開発は進み、手法もより洗練されていくであろう。

SDGsボンドと期待される金融イノベーション

サステナブル投資は上記の株式投資だけではない。最近新たな手法として注目されているのが、社会貢献型債券である。これまでこの投資分野で主流であった株式投資に対してこちらは債券投資であり、環境や社会に関する特定の課題を解決するための、国際機関や市民組織・企業などの活動への投資である。具体的には世界的に残高が急増している環境・気候変動をテーマとしたグリーンボンドをはじめ、ワクチン接種促進に向けたワクチン債[1]、貧困問題解決に資するインクルーシブ・ビジネス・ボンドなどがある。株式投資に比べて、課題解決との関係がより直接的である、満期償還によって元本と利子が得られる、長期の安定した資金を供給できる、などが特長だ。債券発行主体も当初の世銀など国際機関から、最近では自治体・企業まで多様化してきた。

国内でも2008年にワクチン債が個人投資家の人気を集め、最近では機関投資家も参入してきた。2016年9月にJICA（国際協力機構）が発行した社会貢献債券は、機関投資家による購入が相次いだ。

1　ワクチン債とは、最貧国における予防接種の普及により子供たちの命と健康を守るために設立されたIFFIm（予防接種のための国際金融ファシリティ）が発行したものである。IFFImに対しては世界各国政府が寄付金を支払うが、最長23年間の長期にわたる。そこで、早期に大規模なワクチン接種を実施するために、IFFImが発行するワクチン債で市場から資金を調達し、接種に使う。そして将来にわたる各国政府からの寄付が、この債券償還の原資となる。このように、資金が必要なタイミングと調達可能なタイミングとの時間差問題を解決して、ワクチン接種のための投資効果を最大化する仕組みである。

●図表２－１－３　個人投資家向け社会貢献債券の販売実績

2018年８月現在

テーマ	本数	販売額（億円）	主な商品名
環境・気候変動	74	5,682	グリーンボンド、クリーンエナジー・ボンド、地球環境債
開発・貧困	21	2,590	マイクロファイナンス・ボンド、女性の力応援ボンド、インクルーシブ・ビジネスボンド
ワクチン	12	1,914	ワクチン債
水	10	1,738	ウォーター・ボンド
農業	7	922	アグリ・ボンド、食糧安全保障債
教育	3	385	アフリカ教育ボンド
合計	127	13,231	

出典：NPO 法人日本サステナブル投資フォーラム（JSIF）のデータ（個人向け金融商品におけるサステナブル投資残高）をもとに筆者作成

SDGsへの関心が世界的に高まる中で、既にSDGsボンドも次々に販売されるようになってきている。2017年３月には、世銀グループの国際復興開発銀行（IBRD）が、SDGsの達成度合いに連動する債券を発行した[2]。それ以降も世銀グループからは次々とさまざまなSDGs関連ボンドが発行され、機関投資家や個人投資家の購入が相次いでいる。また、英大手銀行であるHSBCも、2017年11月に民間銀行初の10億ドルのSDGsボンドを発行した。

こうした社会貢献型債券には、急増するグリーンボンドに関して、その定義の明確化や資金の使途・管理の透明性を高めることをねらいとし

2　債権の利率が、SDGsインデックス（Solactive Sustainable Development Goals World Index）の構成銘柄の株式パフォーマンスに直接連動するように設計されている。

て国際的なグリーンボンド原則が定められたように透明性を高めることなどの課題はあるが、株式投資に比べた場合のメリットもある。資金ニーズとの整合性の観点からいえば、短期売買が繰り返される可能性のある株式に比べ、社会貢献型債券は長期の安定的な資金を提供できる。環境問題や貧困問題は解決に時間を要する。5年、10年といった償還期限が設定される債券投資は、その意味で資金ニーズにも合致した金融商品であると言えよう。

今後は株式と債券のそれぞれの特徴を生かしつつ、多様な選択肢が投資家に提供されることが望ましい。投資家ニーズに応えつつ、地球規模課題解決に役立つような新たな金融ソリューションを生み出すことは、資金の出し手と受け手をつなぐ金融機関としての社会的責任でもある。

SDGs の達成には膨大な資金投入が必要である。これまで国際開発資金に関しては、先進国による ODA に加えてさまざまな国際的資金動員メカニズムも構築されてきてはいるが、現状では大きな資金ギャップがあると言われている。従って、民間資金流入への期待と必要性が高まっている。また、単に資金ギャップを縮小するだけではなく、同時に投資効果をいかに高めていくかも今後の大きな課題であり、この点でも民間の果たす役割は大きいと考えられる。

2017年10月には、世銀と GPIF が ESG 投資の促進に向けて提携すると発表し、またサステナブル投資拡大に向けた新たな動きが出てきている。SDGs 達成に向けて、今後もさらなる金融イノベーションの加速と飛躍的な規模拡大が期待される。

Topic 2　ビジネスと人権

国際行動規範としての人権

日本企業にとって、環境と違い「人権」は新しいテーマだ。人権というと、セクハラ、パワハラ、採用における差別、過労死、ジェンダー問題など、もっぱら社内での人権問題に目が行きがちで、バリューチェーンにおける途上国での児童労働や人身売買、強制労働、奴隷労働、あるいは消費者の人権問題、などと言ってもあまりピンとこないだろう。しかし、こうした人権問題は、今や世界的にCSRにおけるホットトピックの一つだ。

人権は英語でhuman rightsと必ず複数形で表記される。種類が多いからだ。国連の人権啓発ビデオを見ると30種類くらいが列記されるが、もちろんそれだけではない。まずは国際的に形成されてきた人権規範とはどういうものか、どう体系化されているのか、基本を押さえておきたい。

「すべての人間は、生まれながらにして自由であり、かつ、尊厳と権利とについて平等である。」とする世界人権宣言が採択されたのは1948年、今年2018年は70周年の節目になる。その間、世界人権宣言の内容を条約化した人権の基本条約である、国際人権規約（社会権規約と自由権規約）が採択され、核となる７つの人権条約と呼ばれる、女性、子ども、移住労働者、障害者など個々の権利条約も採択されてきた。

また、ILOが基本８条約で定める中核的労働基準の４分野、すなわち結社の自由及び団体交渉権、強制労働の禁止、児童労働の実効的な廃止、雇用及び職業における差別の排除も、企業と人権に関する基本的規範として重要だ。

まずは、これらの国際人権規範の体系およびその内容を正しく理解する必要がある。

人権デューディリジェンス

そこで具体的な取り組み指針として世界中の企業のバイブルになっているのが、2011年に発表された国連「ビジネスと人権に関する指導原則」である。この文書のベースである、2008年の国連「保護、尊重、救済：ビジネスと人権の枠組み」（通称：ラギー・フレームワーク）とともに、企業が人権に取り組むうえで欠かせない基本文書となっている。いずれもハーバード大学のジョン・ラギー教授が、国連事務総長からの要請で取りまとめて、国連人権理事会でオーソライズされたものだ。

その基本的枠組みは、「人権を保護する国家の義務」「人権を尊重する企業の責任」「人権侵害救済手段の実効性向上」である。また、具体的な実践指針として最も重要なのが、「人権デューディリジェンス」である。これは、人権侵害リスクを洗い出して特定し、実際に侵害が起こらないように予防策を講じて組織に定着させることをいう。図表２－２－１に掲げた企業と人権における近年の動きをみても、ますます強まっているのが人権デューディリジェンスをサプライチェーン・マネジメントに組み込むための動きであることがわかる。要するに掛け声だけではダメで、人権侵害を未然に防ぐ仕組みをつくって実効性のあるかたちで運用することだ。

例えば広告会社が新聞広告を掲載する前に、原稿をチェックする。その校正手順の中に「人権」校正を手順化して、もれなく実施するようにする。これなどはわかりやすい事例であろう。

●図表２－２－１　「ビジネスと人権」に関する動き

2008年	ラギー・フレームワーク
2010年	ISO26000（社会的責任）発行
2010年	経団連企業行動憲章改定
2010年	米国ドッド・フランク法（紛争鉱物）
2011年	OECD多国籍企業行動指針改定
2011年	ビジネスと人権に関する指導原則
2013年	バングラデシュでラナ・プラザ崩落事故
2015年	G7エルマウ・サミット首脳宣言
2015年	英国現代奴隷法
2016年	OECDがサプライチェーン責任に関するセクター別ガイダンスを次々に開発
2016年	英・米・独・伊などに続き、日本政府も行動計画策定へ
2017年	経団連企業行動憲章改定

人権デューディリジェンスといってもピンとこないかも知れないが、広く企業に普及浸透している環境マネジメントISO14001とのアナロジーで理解するとよい。つまり、人権侵害をなくすための基本方針をつくり、事前にリスクを洗い出して未然防止の仕組みを手順化し、モニタリングと継続的改善、情報公開を行う、ということである。別の言い方をすれば人権尊重に関してPDCA（Plan→Do→Check→Act）のサイクルをまわすこと、である。

人権尊重はもはや掛け声でも精神論でもない。日本企業にとっては、国際的に確立された基本原則を理解し、具体的手段としてのデューディリジェンスを実践し、取り組みに関する情報公開をして透明性を高めることを求められているのである。

すでに人権の取り組みに関する独立の報告書を発行する企業も出てきた。2015年にはユニリーバが、2018年には日本企業で初めてANA ホールディングスが発行している。

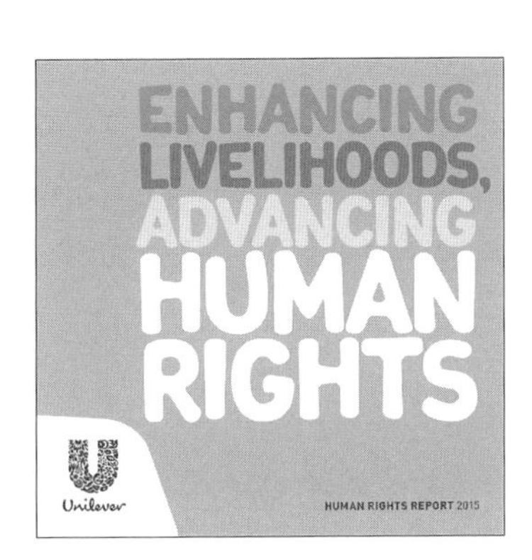

指導原則をふまえた世界初の「人権レポート」（ユニリーバ、2015年６月）（左）と
日本企業初の「人権報告書」（ANA ホールディングス、2018年６月）（右）

必要とされる政治的リーダーシップ

2013年バングラデシュのラナプラザのビル崩落事故では、そこで働く1,000人を超える労働者が犠牲になった。ニュースは世界を駆けめぐり、有名ブランドの製品を生産する縫製工場の労働者が、いかに深刻な人権状況に置かれているかが明るみにでた。悲劇は世界中に衝撃を与え、メルケル首相が議長を務めた2015年のG7エルマウ・サミットでは、こうした途上国の劣悪な労働条件を改善し「責任あるサプライチェーン」を

つくることを、サミット首脳宣言に盛り込んだ。政治リーダーがコミットしたのである。

各国内でも政府が乗り出す。例えば、2015年には英国で「現代奴隷法」が施行された。英国内で営業する一定規模以上の企業に対して、サプライチェーン上で奴隷労働を根絶するためのアクションを奨励し、毎年の取り組み結果を報告するよう義務付けたものである。すでに多くの日本企業も対応を行っている。また、OECDではサプライチェーンにおける人権デューディリジェンスを促進するために、セクター別のガイダンス文書を策定した。

しかし、ビジネスと人権は、決して企業だけが取り組んで済む問題ではない。特に政府自身の役割は大きいものがある。途上国での深刻な人権侵害の多くには、法制度の不備や法執行におけるガバナンス欠如などの現実がある。こうした根本的な問題を、企業がサプライチェーン・マネジメントを通じて解決することは不可能である。企業が対処できることには限界があり、まずは先進国の政府が途上国政府に働きかけ、法制度整備や人材育成など状況改善のために協力する必要がある。また、時には厳しい対応も必要であろう。例えば人権を保護しない国家への援助をどうするかも考えるべき問題である。欧米諸国は、人権侵害を行うあるいは放置する国への国際援助は引き上げるという強い立場も取るし、政府調達や通商規制などにおいても人権配慮を組み込み、厳しい姿勢を貫いている。

さらに、人権を既存の国際ルールの枠内に盛り込もうという動きも強まっている。最近では、欧州委員会がFTA（自由貿易協定）に人権を含むサステナビリティ条項を盛り込むことを検討し、実際、積極的に推進している。

　このように、人権状況の改善には、G7エルマウ・サミットの首脳宣言で表明されたように、解決に向けた政府の強い意思と具体的な政策が不可欠なのである。

NAP策定に向けて

　G7エルマウ・サミットの合意に沿って、各国はビジネスと人権に関するナショナルアクションプラン（NAP）を策定することになった。英国、米国、フランス、ドイツ、イタリア、オランダ、デンマーク、スウェーデン、ノルウェー、スイスなど、諸国政府はすでに策定を終えている。筆者はこのうち、フランス、ドイツ、米国のNAP策定に関して、関係者を訪問してお話を伺う機会があった。

　NAPの中で、企業の取り組みに関するフランスとドイツの対応は対照的である。フランスはトップダウンで企業の人権に関するデューディリジェンスとその情報公開を義務付けた。フランス産業界は、罰則規定の重さなどに猛反発した。これに対して、ドイツはマルチステークホルダーでの対話と合意形成に時間をかけた。12の論点をあらかじめ洗い出し、各ステークホルダーが順番にホストとなり12回の会合を持って意見を出し合った。その結果出来上がったNAPは、企業の人権に関する情報開示は基本的に自主努力に委ねる、ただし2020年までに情報開示をする企業が50％に達しなければ、その時点で義務化を検討する、という段階的手法を採用している。また、米国のNAP策定に関しては、政府の担当者が、多くの省庁が関係するのでいかに熱意をもって他省庁を巻き込むかがカギを握ると振り返ってくれた。

各国とも政府の役割やなすべき施策について明確化している。たとえば、企業の人権デューディリジェンスについて、大企業はともかく中小企業となると現実問題としてなかなかむずかしい。政府は中小企業への啓発普及・浸透に力を入れる必要がある。欧米諸国では、企業に対する啓発普及、コンサルや相談窓口の役割を果たす、専門の支援組織を設けている国も多い。国際的人権規範の社会への浸透が遅れている日本においては、特にその創設を検討すべきだろう。

また、政府や地方自治体における公共調達基準に人権を組み込むことも重要かつ有効な施策であると認識されていて、各国のNAPにも取り入れられている。これも政策の柱の一つとすべきであろう。その際には、調達側の政府や自治体職員への人権教育も、力を入れるべき重要な施策になる。

日本では予備的な検討に続いて、2018年秋からNAP策定プロセスが本格化し、2020年にようやくNAPが公表された。人権状況改善には社会のあらゆるセクターの認識と行動が不可欠だ。今回初めて公表されたNAPは2025年までの５年間の行動計画とされており、引き続き実施状況をふまえた改定も必要となる。今後も、マルチステークホルダーが参加する対話でアイディアを出し合い、十分に議論を尽くすことが必要だ。一人でも多くの人々が関心を寄せてほしいと思う。

こうした人権問題はSDGsとは直接関係ないと思われるかもしれない。確かにSDGsには人権の目標が独立して設けられているわけではない。しかし第３章で述べたように、「誰一人取り残さない」という理念のもと、人権尊重はSDGs全体を貫く基本原則であり、すべての目標において人権尊重の考え方が含まれていることを理解する必要がある。SDGsの根底には、人間の尊厳や誰もが生まれながらにして持っている人権の実現を妨げている社会的制約を撤廃する、という意味での「人権の尊重」が強く刻まれていることを忘れてはならない。

Topic 3　人間の安全保障

人間の安全保障とは

SDGsに取り組むうえで有用な考え方の一つに、「人間の安全保障」という考え方がある。安全保障といえば、通常は外部侵略から軍事力によって領土を守るといった、国家安全保障を思い浮かべるだろう。しかし、人間の安全保障は、国家ではなく一人ひとりの人間を取り巻く脅威に着目する。現代社会に生きる人間はさまざまな脅威にさらされている。例えば、貧困、飢餓、気候災害、内戦、難民化、麻薬、人身売買、感染症、テロ、などがあり、それ以外にも考えられる全ての脅威を含む。

途上国の人々だけが対象ではない。先進国に住む私たちも、多かれ少なかれ、直接または間接的に、こうした脅威にさらされている。グローバル化が進む中で、もはやこうした脅威をすべて国境で遮断して影響を食い止めることは不可能だ。むしろこうした課題の解決にはグローバルな対応が欠かせない。また、人間の安全保障は、伝統的な国家安全保障とは異なる全く新しい概念であるという意味で、「非伝統的安全保障」という呼ばれることもある。

●図表２－３－１　国家安全保障と人間の安全保障の違い

	国家安全保障	人間の安全保障
誰を（守る対象）	領土や国家	一人ひとりの人間
何から（脅威）	他国からの国家主権侵害	気候変動・飢餓・自然災害・感染症など人間を取り巻くさまざまな脅威
どうやって（手段）	外交、武力行使	非軍事的なあらゆる手段
担い手は	国家	あらゆる組織（政府・国際機関・市民社会・企業）
国連の担当組織は	安全保障理事会	経済・社会理事会

出典：筆者作成

ポイントとなる考え方

この概念は、1994年にUNDP（国連開発計画）が発表した「人間開発報告書 1994」で提起されている[3]。ちなみに当時は、長く続いた東西の冷戦が終結し、地球環境問題など世界共通のかつ非軍事的な課題解決に取り組もうという機運が出てきた頃だ。1992年のリオ地球サミットが、気候変動と生物多様性に関する二つの重要な条約を生み成功裏に終わっ

3　報告書の第２章、「『人間の安全保障』という新しい考え方」にまとまった形で書かれている。報告書の前書きでは、翌1995年のコペンハーゲン「社会開発サミット」に向けて「人間の安全保障」の推進を提言し、次のように述べている。「人間を中心に据えた開発を促進しなければ、平和、人権、環境保護、人口増加の抑制、社会的な統合などの重要な目標を達成することはできないことを改めて明言するときでもあります。事態に消極的に対応するより、早期に積極的な行動をとるほうが出費が少なく、はるかに人道的であるという点を、すべての国が認識するべきだと思います。」

たのも、こうした時代的背景があった。「人間開発報告書 1994」でも、ポスト冷戦時代における「平和の配当」として、これまでの軍事支出を今後は環境や開発という社会的・経済的問題の解決にまわそう、と訴えている。

「人間開発報告書 1994」（UNDP、1994年）

人間の安全保障は、国家よりもむしろその最小構成単位である人間に注目し、人間の生存、生活、尊厳を脅かす全ての脅威を包括的にとらえて、その脅威に対する取り組みを強化するための基本概念である。この概念のポイントをあげると以下の通りである。

①まず、人間の安全保障は、基本的に伝統的な国家安全保障を補完するものであって、否定したり代替するものではない。国家安全保障に対置する概念ではあるが、それを不要だとするものでは決してない。

②また、「保護」と「能力強化」を総合的に進めることである。例えば、難民支援では保護のために食料、水など人道上の緊急支援が不可欠で

ある。しかし、長期的にみれば避難先の異国の社会でも職を得て暮らしていけるように、語学教育・技能教育などの支援策が必要とされる。日本の国際協力 NGO「難民を助ける会」がシリア難民のために実施している、トルコ語の教育プログラムなどはその一例である。また、一般的に言って、さまざまな脅威に対するリジリエンス（強靭性）を高めるうえで教育が貢献できる度合いは高い。特に女性への教育、初等教育の徹底が重要であると言われている。

③もう一つ、人間の安全保障の概念には重要な特徴がある。成長にのみ注意を向けがちな、右肩上がりで上昇傾向・拡大傾向の強い「人間的発展」の概念を、人間の安全保障論は効果的に補うことができる。つまり「上昇傾向」の実現だけに力を入れるのではなく、同時に「下降リスク」に特別な関心を向けることの必要性を強調しているのである。例えば、保健医療水準の向上に手を尽くすことは有益であるが、同時に感染症・パンデミックとの闘いはそれとは別物と考え、力を入れなければならない。

④さらに、予防的措置の重要性である。例えば、気候変動への対応では様子を見ながら、影響が現れたら対処するという、事後的な対応では間に合わない。なぜなら、ティッピング・ポイントを、つまりある閾値を越えたら急激な変化が起こることを考慮する必要があるからだ。少しずつ、徐々に影響が現れるのではなく、ある臨界点を超えた途端、突然に大きな変化が起こる。しかもそれは思いもよらない結果を招くかも知れない。だから普段から温暖化の抑制つまり緩和策に力を入れると同時に、温暖化の悪影響を最小限に抑えるために私たちの社会の脆弱な部分に適応策を講じておくことが必要となる。

⑤そして、人間の安全保障を担う主体の考え方である。国家安全保障と明らかに異なるのは、主体が多種多様であることである。国家安全保障の担い手は国家である。これに対して、人間の安全保障に国家が果たす役割はもちろん重要であるが、国家だけが担うのではない。人間の安全保障の概念は、人間をとりまく脅威を減らし人権を促進するのに役立つ、すべての制度や組織に向けられたものである。したがって政府や国際機関はもとより、企業や市民社会などの非国家主体も重要な担い手となる。

国連では、この概念の検討を深めるために「人間の安全保障委員会」を設置して、最終報告書（2003年）を発表した。ちなみに、この委員会の共同議長は、国連難民高等弁務官やJICA（国際協力機構）理事長などを務めた緒方貞子氏、インドの経済学者であるアマルティア・セン氏の二人が務めた。あまり知られていないが、実は日本政府はこの概念を支持し、国連において委員会の設置を提案するとともに、普及を積極的に主導してきた。こうしたアプローチによる平和構築を外交政策の主要な柱としてきたのである。

その後、国連では2012年に人間の安全保障に関する国連総会決議が行われ、世界共通の理解が確立した。この間、人間の安全保障論に関しては、「概念やスコープがあいまいであり、何でも含まれてしまう。理論的緻密さを欠く」といった学問領域としての未成熟さへの批判があり、また途上国からは「保護に名を借りた、先進国による内政干渉や武力介入を招く」との懸念が表明され警戒のスタンスがとられるなど、逆風もあった。この2012年の決議はそうした途上国への配慮もにじむものとなっている。しかし、総会決議という形で、理論の有効性とその内容が国際合意として明確に示されたことは大きな意義がある。

●図表２－３－２　人間の安全保障に関する国連総会決議（2012年）の内容

人間の安全保障の概念に関する共通理解は以下を含む。
(a) 人々が自由と尊厳の内に生存し、貧困と絶望から免れて生きる権利。恐怖からの自由と欠乏からの自由を享受する権利。
(b) 人々及びコミュニティの保護と能力強化に資する、人間中心の、包括的で、文脈に応じた、予防的な対応を求めるもの。
(c) 平和、開発及び人権の相互連関性を認識し、市民的・政治的権利、経済的・社会的及び文化的権利を等しく考慮に入れる。
(d) 保護する責任及びその履行とは異なる。
(e) 武力による威嚇、武力行使又は強制措置を求めるものではない。国家の安全保障を代替するものではない。
(f) 国家のオーナーシップに基づくものであること。地域の実状に即した国家による対応を強化するものであること。
(g) 政府は一義的な役割及び責任を有する。国際社会は政府の能力強化に必要な支援を提供し補完する。政府、国際機関及び地域機関並びに市民社会の更なる協調とパートナーシップを求める。
(h) 国家主権の尊重と不干渉。国家に追加的な法的義務を課すものではない。

出典：「人間の安全保障に関する国連総会決議（A/RES/66/290）」（2012年）をもとに筆者作成

SDGsや持続可能な発展との関係

2002年にヨハネスブルグで開催された持続可能な開発に関するサミット（WSSD）は、10年前のリオ地球サミットが環境のサミットだったと言われるのに比べると、開発の側面を強調していることで知られている。そのヨハネスブルグ宣言においても、人間をとりまく脅威に関する対応に特に言及している[4]。そもそも持続可能な発展と人間の安全保障

4 ヨハネスブルグ宣言のパラグラフ19には、「深刻な脅威に優先して注意を払う」として以下のような記述がある。
「我々は、人々の持続可能な開発にとって深刻な脅威となっている世界的な状況に対する闘いに特に焦点を置き、また、優先して注意を払うとの我々の約束を再確認する。これらの世界的状況には、慢性的飢餓、栄養不良、外国による占領、武力衝突、麻薬密売問題、組織犯罪、汚職、自然災害、武器密輸取引、人身売買、テロリズム、不寛容と人種的・民族的・宗教的及びその他の扇動、外国人排斥、並びに特にHIV／AIDS、マラリア及び結核を含む風土病、伝染性・慢性の病気が含まれる。」

とは関連が深く、持続可能な発展に欠かせない重要な視点を人間の安全保障が追加的に提供してくれると考えることができる。特にSDGsの時代には、人間の安全保障論は以下の点で取り組み上のメリットをもたらしてくれるものとして、より多くの人々がその内容を理解し、考えていただきたいと思う。

①人間をとりまくさまざまな脅威に着目し、それが持続可能な発展にとって深刻な危機をもたらすものであることに気づかせてくれること。
②人間をとりまく脅威の現実から目をそらさずに、その脅威によって最も大きな影響を受ける脆弱な層の置かれている状況に目を向けさせてくれること。
③問題の理解や解決方法の検討において、人間中心に物事を考える機会を提供してくれること。これは、SDGsの本質を理解するうえでも必要かつ有効である。
④世界のどこかで起こった危機には、すべての国・人々が巻き込まれる可能性があり、グローバルな課題の解決にはグローバルな解決手段が必要だと教えてくれること。
⑤さまざまな課題を解決するアプローチとして、課題を細分化して掘り下げるのではなく、課題相互の関連を考慮に入れ総合的に考える視点を重視していること。
⑥自国優先、孤立主義の傾向が強まり、国家によって分断される現代の国際社会にあって、国際連帯の必要性を訴えるものであること。
⑦日本としてこれまで外交政策の柱の一つとして主張してきたものであり、今後も国際社会に大いに貢献できる分野であること。

Topic 4　TCFDの衝撃

TCFDとは

企業は、SDGsをよく理解して、事業戦略に組み込むべきである。また、それはCSRのありかたを見直すよい契機にもなる。これまではCSRというと、とかく省資源・省エネ、社会貢献などをまず思い浮かべがちだったが、SDGsへの対応でわかるように、今やCSRは、将来の社会の大きな変化を予測していち早く対応し、あるいはより能動的に変革の一翼を担うことによって、企業価値を向上させるもの、と考えるべきであろう。逆に、変化への対応を怠ったり誤った戦略を選択した場合には、大きな経営リスクとなることをも認識する必要がある。

こうした変化のダイナミズムを経営に取りこむことの重要性を考えさせられる新たな動きがある。2015年のG20財務大臣・中央銀行総裁会議での要請を受け、イングランド銀行総裁のマーク・カーニー氏が議長を務める金融安定理事会（FSB）がタスクフォースを設置して検討してきた、気候に関する財務情報開示の動きである。

元ニューヨーク市長のマイケル・ブルームバーグ氏がこのタスクフォースであるTCFD（Task Force on Climate-related Financial Disclosures：気候関連財務情報開示に関するタスクフォース）の議長となって、企業、金融機関、保険会社などの民間委員が参加してまとめあげた。2017年6月に発表されG20ハンブルグ・サミットで了承された報告書では、気候変動の移行リスクと物理リスクおよび機会について、財務報告にて開示するよう求めている。そして、ガバナンス、戦略、リスク管理、指標及び目標、という４つの中核的要素項目について、推奨される情報開示のあり方を示している。

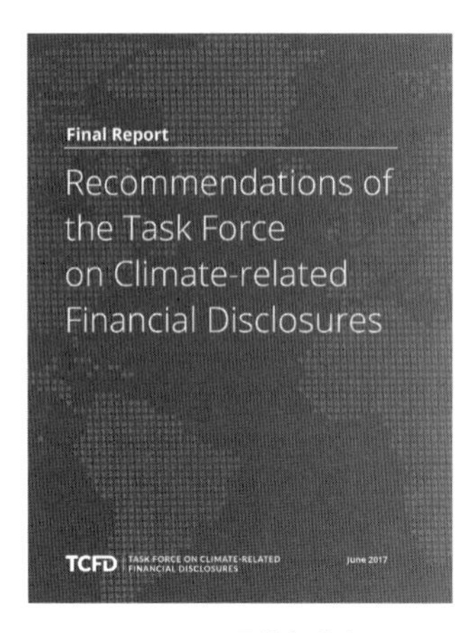

TCFDの最終報告書

●図表２－４－１　気候関連リスクと機会、財務的インパクトの全体像

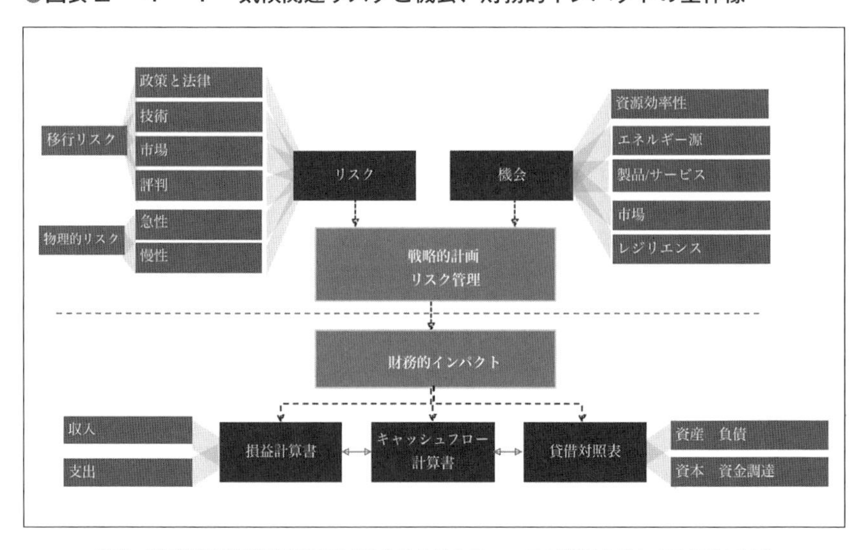

出典：「気候関連財務情報開示に関するタスクフォース最終報告書」（2017年６月）

なぜこうした気候変動に関する情報開示を財務情報開示として行う必要があるのだろうか。それは、低炭素経済への移行に伴い企業が抱えるリスクや機会が投資家に正しく理解されなければ、本来なされるべき効率的な資本配分は実現せず、最悪の場合、大量の回収困難な債権の発生などで金融市場の安定性が損なわれる可能性があるからである。金融安定を司る FSB の問題意識もそこにあった。

その観点からすると、企業がこれまで開示してきた気候関連情報では十分でない。そこで、TCFD で企業・投資家両方にとって望ましい開示枠組みを提示することとしたのである。

TCFD がもたらしたもの

TCFD の意義が何であるかを考えるうえで、最も重要なのは、以上に述べたように企業が開示すべき気候変動関連情報はこれまでのように非財務情報としてとらえるのではなく、もはや財務関連情報そのものであるという点である。そして、もう一つの重要ポイントは、これまで中心だった「過去の」温室効果ガス削減実績の開示等に加えて、「将来の」低炭素・脱炭素社会への移行シナリオを想定して描き、その中で自社にどのようなリスクと機会があるかを分析して公開することを求めた点である。究極の脱炭素社会をめざす大きな社会変化が起こることを前提に、そうした変化を企業が長期戦略に織り込むことの必要性を説いているのである。なぜなら先見性のある企業行動とその情報開示は、既に述べたように、企業に投資する金融セクター自身のリスクと機会、ひいては金融システム全体の安定に関わる問題だから、という認識なのである。

世界の目標を踏まえて未来戦略を描く力は、個々の企業にも求められるようになった。TCFDは、日本企業にも、これまでになかった新しい課題だとして大きなインパクトを与えている。

もっとも、こうして企業の情報開示において、過去の実績だけではなく環境認識や今後激変する世界における自身の中長期戦略を問う傾向は、TCFDが初めてではなく既に始まっていた。企業に気候関連の情報開示を求める民間のイニシアチブCDPなどは、こうした動きを取り込んでいるし、WWF（世界自然保護基金）などが進めるサイエンス・ベースト・ターゲット（SBT：Science Based Targets）イニシアチブも、科学的に必要とされる温室効果ガスの削減量と整合性のある目標を企業も設定すべきとの考えに立って、目標設定のありかたを変えようと提言している。

企業はどう対応すべきか

TCFDで今までにない情報開示のあり方が示され、またシナリオ分析という聞きなれない言葉に、当初日本企業の間にはとまどいが見られたが、発表から１年以上が過ぎたところで、企業もこの要請に向き合い始めた。企業によるTCFDへの賛同表明も相次いでいる。TCFDのFSBへの報告書（2018 Status Report）によれば、2018年９月現在で日本の大手金融機関、大手製造業を含む世界の513社が賛同を表明しており、昨年の３倍以上に増えた。取り組みを始めた日本企業のニーズに応えて、コンサル各社もシナリオ分析支援などのサービス提供に力を入れている。

TCFD自体はあくまでも任意のガイドラインだが、政策指針の意味合いももっており法制化・義務化に向かうことも予想される。ただ、いずれにせよ、企業にとっては首をすくめているうちに去ってしまう嵐ではなく、世界の動かぬトレンドであることがわかってきたので、政府の政策動向などを待つことなく積極的に受け入れることを選んでいるのであろう。

そもそも、今の時代は、新たな動きは様子見して国内政策に反映されたら対応しよう、という考え方では遅い。法律制定には時間がかかるし、内容も世界のトレンドをとらえたものになるかどうかわからない。法律による制度化よりもはるかに早く、世界では事実上の規範が形成されていく。企業はその動きを見据えて早めに行動することが大切だ。

企業に問われているのは、もはや単に漠然と環境に配慮しているか、省エネに一生懸命取り組んでいるか、といったレベルではない。2℃目標という長期的ゴールを認識し、その達成に向けた自社の目標設定を行なっているか、変化を先取りした戦略を描けているか、行動実績で示しているか、を問われているのである。

目標志向（Goal-oriented）という言葉がある。今、企業に求められているのは、まさに人類共通目標の達成を意識した行動である。2℃目標を他人事ではなく自分事にすることが、企業のリスクを下げ、機会を広げる時代なのである。

2018年5月にブリュッセルで開催された欧州ビジネスサミットでの「持続可能なファイナンス」のセッションでは、新たなサステナブル金融の推進策を欧州委員会の政策担当者が語ってくれた。焦点は気候変動であり、パリ協定やこうしたTCFDの動きなどを踏まえて、さらにサステナブル金融の規模拡大に向けて推進していく。そこでの考え方はやはり2℃目標を意識することだ。どうしたら2℃目標達成に近づけるか、そのための金融や企業による情報開示のあり方を考えるという。

企業は新たな負担と感じたり、やらされ感で受け止めたりするのではなく、むしろ自社のリスクと機会、それに対する戦略を投資家に積極的に提示することによって、投資家から選ばれる新たなチャンスが広がるのだと、前向きかつ戦略的に考えるべきであろう。

さらにいえば、世界の大きな変化に対する自組織の戦略シナリオを描いて開示する必要性は、気候関連だけではない。TCFDへの対応は、トランスフォーメーションをめざすSDGsからリスクと機会を見出して企業価値向上に結び付けていく感覚を磨く、格好のエクササイズになるであろう。

Topic 5 気候変動への適応と SDGs

適応は待ったなしの課題

2018年の夏は異常高温と西日本の広域にわたる豪雨による土砂災害で、歴史に残る年になってしまった。暑さで有名な熊谷など特定都市だけではなく、全国の広い地域で最高気温の記録が塗り替えられた。不幸なことに、熱中症の死者も連日のように報じられた。気象庁は2011年から「高温注意情報」という新しい気象情報を出すようになったが、2018年からは高温に関する異常天候早期警戒情報を出すとともに、命を守るために繰り返し熱中症の予防を呼びかけるまでなった。

多くの人が、気候の異変を実感している。異常気象と認定された今年の猛暑は、もはや一過性の異変として片付けてしまうわけにはいかない。猛暑日の増加、海水気温の上昇がもたらす降水量と大雨日数の増加、台風の大型化などは、地球温暖化の影響として予測されていた事象そのものである。世界に目を向けても、洪水、干ばつ、竜巻、熱波と、異常気象による自然災害は、枚挙にいとまがないほど至る所で発生している。これらの事象のすべてを地球温暖化と直接結びつけることはできないにしても、その日の気圧配置など説明可能で「科学的な」直接因果関係の説明に納得して片付けていてはいられない事態になっている。

米国民の環境意識は、ハリケーン・カトリーナの襲来によって変わったといわれている。今年の暑い夏と集中豪雨で、私たち日本人も環境意識を大きく変えなければいけない。もはや「地球温暖化」という、おだやかなニュアンスの漂う言葉はやめて、国際的に使われている「気候変動」を使うべきだろう。私たちが直面しているのは、まさに激しい「気候」の「変動」であり、人命を脅かす「気候リスク」あるいは「気候の危機」とも認識すべき事態だ。

これまで、人々の関心は温暖化の「防止」に向いていた。しかし、もはや目の前の現実となった、温暖化の「影響への対処」を真剣に考え、急がなければならない。以前から、温暖化を抑制する「緩和」策だけでなく、温暖化の影響に適切に対処する「適応」策が必要で、両者をバランスよく進める必要がある、と言われてきた。しかし、緩和策が十分な効果をあげ得ずにいるうちに、注目度の低かった適応策がもはや待ったなしの課題になってきた。

●図表２－５－１　気候変動への適応とは

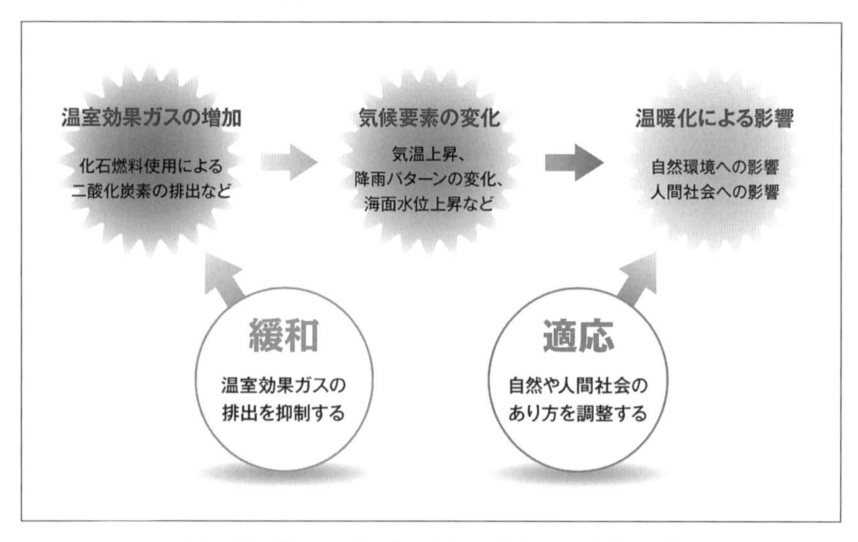

出典：「温暖化から日本を守る適応への挑戦 2012」（環境省）

筆者は2010年に発行された社会的責任規格ISO26000の環境セクショ

ン執筆を担当したが、特に適応の重要性を強調することとした。タイトルも「気候変動の緩和と気候変動への適応」、と両者を同じ重みで並記し、なじみの薄い適応についてはその具体策を囲み記事で例示・解説している。例えば土地利用や都市区画における配慮、飲料水の確保など干ばつへの対策、農業・医療などさまざまな分野での技術開発、そして適応策の重要性について意識を高める教育啓発も、重要な適応策である。温室効果ガスの排出削減という、一律で単純明快な緩和策に比べ、適応策は、地域ごとに生じる影響と必要な対策が異なり、広い分野に及ぶきめ細かい対応が至る所で必要となる。従って政府主導のトップダウン対策だけでなく、地域づくりのように市民参加やさまざまなセクターの参加・協力が欠かせない。

企業は何ができるか

なかでも、適応に欠かせないのは、企業の課題解決力だ。しかしまだこの分野での企業の取り組みは、十分とは言えない。国連気候変動枠組条約のウェブサイトに、適応分野での民間企業の好取組事例集がある。例えば、浄水技術を使った途上国での水不足問題の解決や、農村部での干ばつ保険も適応策の一例だ。製造業だけではなく、IT 技術や金融サービスなど、あらゆる業種の事例がいろいろと紹介されている。こうした事例にヒントを得て、気候変動への適応に、自らのリスク管理としてはもちろん、ビジネスチャンスとしても取り組んでいく企業を急いで増やしていく必要がある。

また、企業の視点からすると、これは大きなビジネス機会でもある。経済産業省は「適応ビジネス研究会」を立ち上げ、報告書を発行した。

そこでは、企業の取り組み事例を集めて紹介し、１社でも多くの企業がこの問題に日本企業の強みを生かしたビジネス機会として取り組むことを促している。さらに同省では2018年２月に「企業のための温暖化適応ビジネス入門」を発行し、とりわけ脆弱な途上国での適応ビジネスが日本企業にとって巨大なビジネス機会であることを強調し、具体的な事業展開のステップや支援制度などを紹介している。

「企業のための温暖化適応ビジネス入門」（経済産業省、2018年）

適応の課題は洪水対策など防災面だけではなく、農業、水、健康や医療など実に幅広い。製造業から金融業まで、より多くの日本企業がこの分野で課題を解決しながら国内外でビジネス機会の拡大を図ってほしいと思う。フィージビリティ検討や解決策導入には現地のニーズ把握が欠かせない。途上国の場合はその実情に詳しいJICAなどの機関やNGOの力を借りることも必要だ。政府の支援策も活用すべきだろう。さらに今後は官民連携だけではなく、異なる強みをもつ企業同士の連携も新たな可能性を生むことだろう。

先進国、途上国を問わず、対策は早ければ早いほど、効果は大きく、コストは小さい。日本でもようやく2015年に気候変動への適応国家計画が閣議決定され、2018年には気候変動適応法案が成立した。法的根拠が与えられることによって、国内でも地方自治体によるそれぞれの適応計画策定が進み、企業も含む多くの主体を巻き込んだアクションが広がることを期待したい。

適応策には SDGs の視点で

また、気候変動への取り組みは SDGs の他の目標と深く関係する。MDGs と SDGs の大きな違いの一つは、環境問題を独立の課題と考えずに、社会的文脈からも複眼的にとらえて有効な対策を考えることが推奨されていることだ。気候変動は社会や人々の生活に時には深刻で決定的なダメージを与える。したがって、気候変動への適応に取り組むことは、社会の脆弱性を改善しリジリエンスを向上させることを通じて、SDGs の重要目標である貧困や経済発展、水、健康、食糧問題など、他の多くの目標達成にも大きく貢献する。自然災害による経済的ダメージは、例えば途上国では子どもの教育機会を長期間奪うことにもつながることなどを考えると、適応策の効果が及ぶ範囲は一般的に想像されるよりもかなり広い。

SDGs に取り組みたいがどこから手を付けたらよいかわからない、という場合には、この気候変動への適応という切り口で自社がどんなビジネス・ソリューションを提供できるか、考えてみることをお勧めする。これは国内外を問わず有効なアプローチである。

　また、環境と社会の問題の相互関連は、解決策のメリット・デメリットを評価する際に常に意識しなければならない点だ。例えば、温暖化抑制に役立つバイオマスの新技術が、食料や水などほかの分野では負の影響をもたらすこともある。逆に清潔な水へのアクセスを改善しようと海水の淡水化に取り組むと、莫大なエネルギーを必要として気候変動の観点からはマイナスとなることもある。要は緩和と適応、そしてSDGsと、視点を広げて多角的検討を行い最適な解をみつけること、その中からビジネスチャンスを見出すことが求められているのだ。このことからも、気候変動を環境の視点から見るだけではなくSDGsの枠内でとらえる視点が必要となる。

Topic 6 海外企業はいかにSDGsに取り組んでいるか

世界をリードするユニリーバ

SDGs（持続可能な開発目標）に取り組む先進企業の代表格が、英蘭に本社を置くユニリーバだろう。同社は調査機関GlobeScanのランキングで、CSR世界一の評価を何年も受け続けている。

その戦略の骨格となっているのが、2010年に立ち上げたユニリーバ・サステナブル・リビング・プランだ。そこでは、2020年までの３つの目標を掲げている。①10億人が、すこやかに暮らせるように支援、②製品のライフサイクルからの環境負荷を半分に、③数百万人の経済発展を支援と、いずれも本業のバリューチェーン全体を俯瞰して課題を見つけ、取り組んでいることが大きな特徴だ。

例えばインドの農村地域では、女性を販売員として教育し石鹸などを買いやすい小袋で販売する仕組み、シャクティ・プロジェクトを通じて、人々の衛生習慣を改善しながら現地女性の雇用と所得向上に資する取り組みを行っている。また、商品のライフサイクル全体での環境負荷を分析した結果、ウェイトが一番大きかった消費フェーズに目を付け、消費者を巻き込んだ環境負荷削減に取り組んでいる。さらに、一定割合を小規模農家からの調達とし、農業技術指導などで生産性向上と彼らの生活向上を図っている。

SDGsが採択される以前から、漸進的改善では地球規模のサステナビリティ課題は解決できないとして、システム全体を大きく変えるトランスフォーメーションが必要なのだと、いち早くCSRレポートのCEOメッセージで力説している。そのためには個社の取り組みだけでは不十分で、同業他社、政府やNGOとともに根本的な変化を起こすとしている。具体的な取り組みとしては、WWFとともに立ち上げた「持続可能なパーム油のための円卓会議」がその一例だ。

WBCSD会長としてスピーチを行うユニリーバCEO（当時）のポール・ポールマン氏
（2016年10月、チェンナイ（撮影は筆者））

WBCSD（持続可能な発展のための世界経済人会議）の会長は通常任期の２年で交代するが、ユニリーバCEOのポール・ポールマン氏は、余人をもって代えがたいとの理由で２期４年にわたって会長を務めた。2016年10月のWBCSDインド・チェンナイ年次総会の冒頭では、ポールマン氏は参加者に「ビジネスの本来の目的は何なのか、考えてみよう」と問いかけ、会員企業に対して一緒にSDGsに取り組もうと、力強く鼓舞した。この「目的（purpose）」という言葉は同氏がよく口にする言葉だ。その後もチェンナイを発つフライトへの出発ギリギリまで、ボードミーティングや若い人たちの提言発表会までさまざまな会議に出席して熱弁をふるい続けた。同氏は、この分野で産業界を代表する「顔」

として、さまざまなイニシアチブを率いているし、サステナビリティ関係の主要な国際会議にはいつも登壇している。同氏は2009年にユニリーバのCEOに就任して早々に、短期主義は経営の判断を狂わせると、四半期決算の発表を廃止したことでも知られる。揺るがない信念の人だ。

毎日25億人が同社の何らかの製品を使っているという、巨人ユニリーバ。「SDGs時代のCSR」のモデルとして、その個社の戦略はもちろん、業界での、またさまざまなセクターとのパートナーシップにおける、力強いリーダーシップには大いに学ぶべき点が多い。

マークス＆スペンサーのプランA

英国の食品・衣料の老舗チェーンストア、マークス＆スペンサーも、CSRの先進企業として評価が高い。ダボス会議のサイドイベントで発表される世界のCSRベスト100社をはじめ、数々の受賞歴を誇る。2016年11月に経団連CBCCのミッションでロンドン本社を訪問し直接お話を伺った。

同社ではCSRと言わずに「プランA」とよび、2020年までに達成すべき103項目に及ぶコミットメントの進捗状況を「プランAレポート」として毎年公開している。その範囲、レベルは向上を続け、2016年には例年のレポートに加えて、新たに独立した人権レポートを発行した。頂いた２つのレポートを手に取って驚いたのは、なんと本編のレポートを上回るページ数の力作だったことだ。それは同社の人権尊重への取り組みがいかに充実しているかを示している。

マークス＆スペンサーのCSRレポート（左）と人権レポート（右）

同社の取り組みは、食品ロス削減からサプライヤー情報の透明性まで、取り組みはとても紹介しきれないが、例えば、温室効果ガス削減にではサプライチェーンを含む「スコープ３」での総排出量ネットゼロという、世界でもまれな取り組みレベルを達成している。

ヒアリングの中で特に筆者の印象に残ったのは、犯罪歴のある人々を積極的に採用していることだ。受刑者は出所してもなかなか就職が難しい。それがまた再犯にもつながる。しかし、同社によれば、採用後きちんと教育をすれば、高いモチベーションで働いて業績に貢献してくれるという。まさに社会的包摂（インクルージョン）の精神を体現した取り組みだ。このマークス＆スペンサーの取り組みには英国政府も注目し、他社にも同じ動きを推奨しているという。

そもそも同社はなぜCSRと言わずに「プランA」と言うのだろうか。もともと、プランAとは通常作戦、プランBは代替作戦のことを指す。例えば、米ワールドウォッチ研究所レスター・ブラウン博士の『プラン

B』という名著があるが、温暖化との戦いに勝つためにはこれまでの取り組みではなく、全くやり方を変える必要があると訴えたものだ。

マークス＆スペンサーがプラン A と言い続けているのは、環境や社会に配慮し企業としての責任を積極的に果たす、それは当然なすべきことであり、「ほかの選択肢（代替案としてのプラン B）などない」という揺るがぬ信念を表したいからだ。商品・サービスや事業プロセスを通じて環境や社会への配慮を本業に統合する、という CSR の定義の実践はかくあるべし、という見本のような企業だ。

SDGs が採択されたが何か戦略を変更するのか、という私たちの問いには、「特にない。もちろん SDGs の中身はチェックしたが、既にやっていることがほとんどだった」という答えが即座に返ってきた。ここまで自信をもって言い切れる企業はほかにないだろう。その取り組みは際立っている。

Topic 7　日本企業の取り組み事例

SDGs（持続可能な開発目標）に取り組もうと自社の戦略を練るうえでヒントとして役に立つのが、先進企業の事例だ。例えば、KPMGと国連グローバル・コンパクトが作成した「SDGインダストリーマトリックス」という、世界の先進企業の実例を業種別・SDGs目標別に整理した実用的な報告書があり、和訳もされている。

日本の企業の間でも、SDGsに関する関心は高い。SDGsをテーマにしたセミナーは、いずれも企業のCSR担当者などが数多く参加して大盛況だ。そうしたセミナーでは日本企業による好取組事例がいくつも紹介されている。国連開発計画（UNDP）ほかが主宰するイニシアチブ「ビジネス行動要請」（Business Call to Action）では、世界中の企業の取り組みの中から、審査したうえで好事例を認定して紹介している。そこに取り上げられているものを中心に、日本企業の事例をいくつかみてみよう。

マラリアを予防するオリセット®ネット（住友化学）

まず、住友化学のアフリカでのマラリア対策に役立つ蚊帳「オリセット®ネット」の事例は国内外で良く知られている。ポリエチレン製の糸に殺虫成分を練り込み長期間効果が続くようにした蚊帳で、マラリアを媒介する蚊の防除に役立つ。工場での防虫網戸で培った同社の技術を応用したものだという。当初は国際機関を通じて提供していたところ、効果が認められ大量の需要が生まれたこともあり、タンザニアの企業に技術を無償供与して生産することで、現地の雇用創出にも寄与している。

実際にマラリア予防に大きな効果を発揮したことで、国際的にも高く評価されいくつもの賞を受けている先駆的な事例だ。

●図表2－7－1　オリセット®ネットの特徴と活用

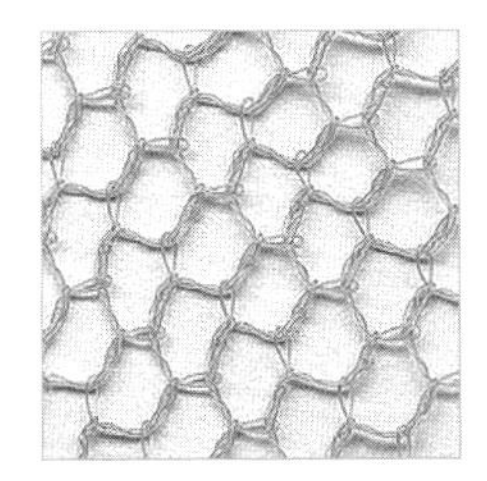

風通しが良い網目の形状

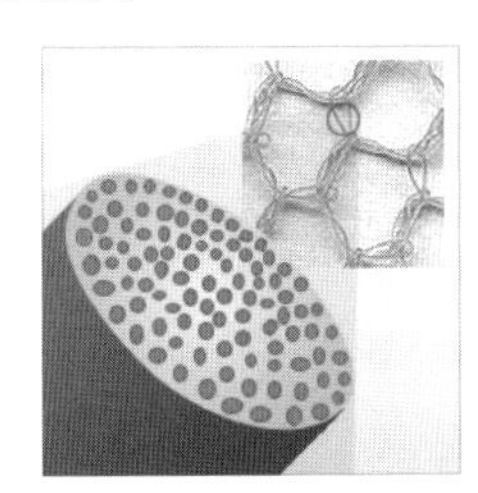

3年以上持続する防虫効果

© M.Hallahan

© M.Hallahan

タンザニアでの活用例

出典：住友化学ウェブサイト

ガーナでの栄養改善プロジェクト（味の素ファンデーション）

（公財）味の素ファンデーションによる、ガーナでの栄養改善プロジェクトも有名な事例だ。アフリカ諸国に多い栄養不足による発育不全を防ぐには、特に離乳期の栄養摂取が肝心だという。ガーナでは伝統的にココ（koko）というトウモロコシを素材としたおかゆが、乳幼児食として広く普及している。しかし、これだけでは発育に十分な栄養は得られない。そこで、そのおかゆに加える栄養サプリメントとして、「ココプラス」という商品を開発し、国際機関やNGOとともに販路を開拓し浸透を図ってきた。また、栄養の重要性を認識してもらうための教育ツールの開発や人材育成にも取り組んでいる。

みんなにトイレを（LIXIL）

途上国向け簡易トイレを開発・提供するLIXILの事例も注目すべき取り組みだ。先進国に暮らす私達にはなかなか想像できないが、世界の３人に１人は安全で衛生的なトイレがないという。約９億人は屋外排泄をしている。それが衛生状態の悪化、下痢や感染症など健康上の問題だけでなく、女性への性的暴行などの危険も招いている。そこでLIXILが開発したのが、SATOと呼ばれる簡易トイレシステムだ。数ドルという価格ながら、虫や悪臭を低減し、少量の水で洗浄でき、シンプルな構造で設置が簡単、という特徴をもつ。15カ国以上で180万台が出荷されており（2018年３月時点）、900万人[5]の暮らしを変えていく想定となる。バングラデシュのロヒンギャ難民キャンプでも導入されて使われているという。国内でのシャワートイレ販売台数と同じ数のSATOをアジア・アフリカの学校を中心に寄付するという、「みんなにトイレをプロジェクト」も実施した。

5　SATO1台あたりの平均利用者数を５人と想定し、算出。

LIXIL が開発した SATO のバングラデシュ難民キャンプでの設置状況（出典：LIXIL ウェブサイト）

以上紹介したいずれの事例も、それぞれの企業の本業での強みを生かしてSDGsに掲げられるマラリア撲滅や栄養不足解決、衛生状況の改善などにつながることを目指している。現時点での収益への貢献は大きくないだろうが、未開拓市場における企業としてのブランド形成に役立ち、将来のビジネス展開上大きなメリットとなることは間違いないだろう。

SDGsに取り組んでいるのは、製造業だけではない。次に、非製造業の事例をみてみよう。環境省が開催しているSDGsステークホルダーズ・ミーティングでも取り上げられた、損保ジャパンの事例だ。ちなみにこの取り組みも、国連開発計画の「ビジネス行動要請」に認定されている。

天候インデックス保険（損保ジャパン）

損保ジャパンは、タイ、フィリピン、ミャンマーなど東南アジアの各国で、気候変動による小規模農家の収入減を補償する天候インデックス保険を開発した。例えばタイでは、干ばつによって米農家が被害を受けるので、稲の生育に重要な期間の総雨量を指標（インデックス）として、当該地域の観測所で測定された総雨量が一定水準以下だったら、決められた額をスピーディに農家に支払う保険商品を、全土で展開した。保険の仕組みをシンプルにして販路も農業ローンを扱う金融機関を通じて行うことで、農民が加入できる低廉な保険料水準を実現した。こうした保険をマイクロ・インシュアランスという。同社はミャンマーではゴマ農家などを対象に、同種の保険を開発した。ミャンマーでは、気象統計が未整備なこともあって、衛星からのリモートセンシング技術を活用して雨量を推計するなど、工夫を凝らしている。

イノベーションを生むために

このように、さまざまな業種の企業が、本業の強みを生かしてSDGsに取り組んでいる。製造業、金融など幅広い業種で、それぞれの強みを生かした課題解決型のイノベーティブな取り組みが生まれている。これらの先進事例に共通なのは、国連機関やJICA、現地の政府・企業・金融機関・大学・NGOなど、さまざまなステークホルダーの力を借り、協働型でプロジェクトを進めていることだ。最近、JICAなどの国際協力機関やJANIC（国際協力NGOセンター）を始めとするNGOは、SDGs採択を機に企業との協働推進により一層力を入れている。こうした動きを活用しない手はないだろう。

また、2017年に経団連は、人間中心の超スマート社会、「Society 5.0」の実現を通じたSDGs達成への貢献をコンセプトに、経団連企業行動憲章と同実行の手引きを大幅に改定して、会員企業に取り組みを促している。そして会員企業の好取組事例をイノベーション事例集として、ウェブサイトなどを通じて国内外に発信している[6]。SDGsを達成するために自社の持つ技術を生かして何ができるのか、取り組みのヒントやインスピレーションを得るのに役立つので、活用を強くお勧めしたい事例集だ。

6「Innovation for SDGs -Road to Society 5.0 -」と題した事例集は、日本語版、英語版とも経団連ウェブサイトからダウンロードできる。また、企業名やSDGsの各目標からの絞り込み検索は、以下の経団連SDGs特設サイト上で可能である。
https://www.keidanrensdgs.com/（2018年8月15日現在）

Topic 8 中小企業とCSR

中小企業へのCSRの浸透、これは万国共通の難題だ。欧州のCSR先進国でも、数の上で90数％を占める中小企業は、大企業に比べてCSRへの取り組みが遅れているのが実状だ。欧州各国は政策課題として早くから取り組み、フランスやドイツでは無料の中小企業向けCSRトレーニングコースの開催、ガイドブック作成など、政府が普及策を実施している。しかしこうした政府主導の推進策だけではなかなか浸透しない。

ISO26000の作業部会でも、中小企業への普及は大きな議論のテーマだった。100ページもある分厚い規格では中小企業はとても使いこなせない、との懸念は繰り返し表明された。そこで、規格開発と並行して中小企業でのテスト使用をしてみたところ、全体像や基本を正しく理解する必要があるのは大企業も中小企業も同じであって、実践において優先度の高い項目へと絞り込んでいけば、中小企業でも十分活用は可能、という結論となった。

できあがった規格では、中小企業向けに特別な囲み記事を設けて、活用のコツを述べている。その中で注目して欲しいのは、規模の小ささは必ずしもマイナス面だけではないという点だ。例えば中小企業は社員何万人という大企業に比べればはるかに機動性に富む。トップの指示も社員に直接届いて徹底しやすいし、地域社会との顔が見える密接な関係も構築しやすい。

実際に、小粒でもキラリと光る中小企業のCSR実践事例には事欠かない。むしろ、大企業にはまねのできない革新的で個性的な事例が多い。事例に学ぶことは、気づきをもたらす。中小企業の場合は、事例からの学びは特に有効だ。

●図表２－８－１　ISO26000と中小組織（SMO）

中小組織の利点
・柔軟性や革新性
・地元コミュニティとの密接なつながり
・経営トップの組織内での影響力

留意点
・形式にこだわらない
・優先順位をつける
・政府・標準化機関などの支援を活用
・同業者・業界団体などと共同実施

出典：ISO26000をもとに筆者作成

日本一透明性の高い会社（グッドホールディングス）

例えば、規格が発行される３年前の2007年、世界で一番早く、まだ草案段階のISO26000をCSR報告書の枠組みに用いたのは、西宮市に本拠を置くリサイクル事業者、株式会社リヴァックスだ。その後、大企業が続々とISO26000を活用したレポーティングに取り組む。その先鞭をつけたのだ。

以前から、環境省と（一財）地球・人間環境フォーラムが主催する「環境コミュニケーション大賞」では表彰企業の常連だった。３年前からは「グッドホールディングス」として報告書を発行するようになったが、相変わらず同グループのサステナビリティレポートは連続受賞を続けている。

グループ社長の赤澤健一氏は、2017年のサステナビリティレポートのトップメッセージの中で、「社会問題の事業化と事業の社会化」を標榜し、社会や環境に配慮したサービスの開発や地域貢献に、会社をあげて取り組んでいる。

同社は日本で一番遵法性と透明性の高い会社をめざすとしており、その言葉通りに工場内の様子を常時ウェブカメラでライブ中継している。究極の透明性だ。グッドホールディングスグループの「私たちの特長」に書かれているように、廃棄物処理業界は未成熟な部分がある。そこで、あえて透明性・遵法性、「CSR＝経営」という考え方を打ち出し取り組んで社会的信頼を得ることを通じて、業界内での競争優位を獲得しているのである。まさに競争戦略そのものである。

小さな企業のCSR報告書（カスタネット）

CSR報告書も、大企業のようなりっぱな分厚い報告書である必要はない。オフィスサプライなどを扱う京都の株式会社カスタネットは「小さな企業のCSR報告書」という、12ページの手づくりのCSRレポートを2010年に発行した。「社会と共鳴する企業をめざし、社会貢献と事業がシンクロナイズする姿を追い求める」という、同社の姿勢やユニークな事業展開がわかりやすく書かれた魅力的な報告書だ。

同社の2012年の報告書は環境報告書の比較サイト「CSR JAPAN」において、大企業のCSRレポートに交じって何と年間アクセスランキング２位を達成した。2015年のCSR報告書、「小さな企業のCSR報告書」は、日本中から反響を呼んで増刷を重ね、計８千部を印刷したという。

カスタネットの CSR 報告書

社員10名の企業ながら、障がい者を２名雇用するという野心的な目標を掲げ、実現できていないことも誠実に公表していた。また、最近ではCSR と BCP（事業継続計画）を融合するという戦略を打ち出し、アイディアにあふれた防災用品を開発し、その普及を通じてつまり本業のオフィスサプライの事業を通じて、人々の安全と安心のために貢献している。

また、小さな企業の CSR 報告書は、初めて CSR 報告書を作成する企業のために、お勧めの構成やコツを公開しているという、アイディアにあふれ配慮の行き届いた報告書だ。社長の植木力氏は、「おかげさまで入社を希望する若い人から問い合わせがくるようになりました」と話してくれた。

環境印刷でステークホルダーを巻き込む（大川印刷）

「環境印刷」を掲げて本業を通じて活動をしている株式会社大川印刷の事例も示唆に富む。2020年までに再生エネルギー100％にする、責任ある調達にも取り組む。本社工場の廃棄物ゼロをめざす、これらはいずれも、企業としての事業プロセスを通じた責任だ。

一方、印刷会社としての商品・サービスを通じては、「環境印刷」をキャッチフレーズに実にさまざまな取り組みを実施している。石油系溶剤０％のNON-VOCインキの積極的な使用から、持続可能な森林経営に配慮したことを示すFSC認証などを取得したエコ用紙、再利用できる梱包材を使ったエコ配送まで、環境に配慮したさまざまな商品・サービスを開発してお客様に提案している。また、自社だけではなくお客様や社会一般での環境意識を高めようと、わかりにくい環境ラベルについての説明を記載した環境ラベル情報カードを作ったり、「SDGsを忘れないメモ帳」を年賀用に制作し配布したりと、啓発ツールも作っている。

特筆すべきはステークホルダー・コミュニケーションだ。もともと「CSR報告会」として始め、平成30年は「SDGs報告会」として開催している、地域と従業員を巻き込んだステークホルダーとの対話の場だ。参加者がここで得た学びは、現状維持は退歩だとする「大川スピリット」どおり、新たなチャレンジの契機になり同社の取り組みをさらに前進させる力になっていくことだろう。

同社は2015年度の地球温暖化防止環境大臣表彰を受けているほか、取り組みは注目され、メディアでもさまざまな機会で紹介されている。SDGs に取り組む企業を紹介する NHK のテレビ番組でも取り上げられ、社長の大川哲郎氏が、「SDGs は社会や世界から何が求められているか、よく整理されており、社員が理解を深めるよいきっかけになる」と語っていた。

世界が注目する食品リサイクル・ループ（日本フードエコロジーセンター）

国内からだけではなく世界から注目されている取り組みがある。株式会社日本フードエコロジーセンターでは、2017年に国連本部で開かれた SDGs のハイレベル・ポリティカル・フォーラムにおいて、社長の高橋巧一氏が日本企業の好事例として発表を行った。食品廃棄物を飼料化するビジネスを手掛けている会社だ。

高橋氏によれば、事業の背景は、廃棄物と畜産経営の問題の同時解決だ。リサイクルが進む中、最後に残るのが食品で、焼却炉で燃やされる廃棄物の４～５割が食物だという。一方で食料自給率を上げるには飼料の自給率向上が必要だ。畜産農家がどんどん離農している中、餌代の問題が大きい。

同社の工場は１日に33～34トンの食品廃棄物を受け入れて、40トンの餌をつくる。入ってくるものは食品工場で余ったもの、スーパーや百貨店で売れ残ったものだ。知的障害者の方々にも分別作業をしてもらい、生産効率が向上したという。

また、リサイクル・ループづくりをめざし、排出事業者であるスーパー・百貨店等では、製品の飼料を使って成育された畜産物を販売する。しかもただ販売するのでなく、消費者に訴求して食品リサイクルの問題を理解していただくと同時に、ブランド商品として育てていく。

こうした取り組みは関心を呼び、消費者や親子の見学会、色々な食品関連企業や生産者がほぼ毎日会社を訪れる。また世界的にも注目されており、月に１度は海外からの見学者があるという。

SDGsの目標の一つ、持続可能な生産と消費において、食品ロス問題は世界的な関心事になっている。世界で生産される食料の３割が廃棄され、一方で飢餓に苦しむ多くの人がいる現状だ。食品ロス問題は奥が深い。複数の問題解決を同時にしなければならないことも教えてくれる。その点でも、同社の取り組みは多くの示唆を含んでいる。

「中小企業ならでは」の取り組みに注目

これまで、キラリと光る中小企業の事例をいくつか紹介してきたが、いずれの事例にも共通しているのは、経営トップが自ら取り組みをリードし、社内外で熱心に発信していることだ。トップの揺るがない信念とリーダーシップが、会社を動かし、変えている。

中小企業のCSRに関しては、大企業のサプライチェーン・マネジメントに由来する「守りのCSR」も重要だが、こうした個性豊かな「攻めのCSR」にも今後は目を向けていくべきだろう。好取組事例は、企業経営のあり方にもヒントを与えてくれるし、ソーシャル・イノベーション、つまりビジネスを通じた革新的な社会的課題の解決手法を先導する力がある。SDGsにおいても、「中小企業でも」ではなく「中小企業ならでは」の取り組みに注目したい。

SDGsに関心を持ち、取り組みを始めてみようという中小企業に焦点を当てたガイドブックとしては、環境省が作成した「すべての企業が持続的に発展するために―持続可能な開発目標（SDGs）活用ガイド―」（概要編、本編、資料編の3部作）（平成30年6月）の活用をお勧めしたい。SDGsの背景から、国内外の動き、企業にとっての意義、取り組みの手順、ケーススタディからツール・情報リソースまで、必要な情報を網羅して、懇切丁寧に解説したものである。環境省のウェブサイトからダウンロードが可能である。

Topic 9　北欧のCSR

2015年２月に、経団連CBCCのCSR対話ミッションで北欧（スウェーデンとノルウェー）を訪問した。北欧を選んだのは、世界のCSRをリードする先進地域である欧州の中でも、北欧企業のCSRはさまざまな調査機関から最も高く評価され、世界一との評価が高い。その背景を理解したい、との思いからだった。

ミッションでは、当事者であるCSR先進企業、産業団体のほか、CSR政策を進める政府、ステークホルダーとして深く関わる年金基金やNGO、客観的に分析するCSR研究者など、幅広い関係者との対話を通じて、最新動向を多面的に理解することができた。

政府とともにグローバル戦略を進める北欧企業

北欧は福祉国家として知られ、資本主義でも社会主義でもない「第３の道」をめざす国家ビジョンの実現に向けてまい進している。その一環としてCSRを政策的に進めている。欧州諸国のCSRの特徴は政治的リーダーシップの強さであるが、その中でも政策との一体性の強さは北欧が際立っている。

政策的関与の大きな特徴は、両国とも外務省がCSR推進の中心となっていることだ。ミッション派遣の準備でスウェーデン政府のCSR政策担当部署にアポ入れをしようとしたときに、外務省が担当だと聞いて、半信半疑であったが、しかし、訪問してみてそのナゾが解けた。

人口が1,000万人（スウェーデン）、500万人（ノルウェー）と、国内市場が小さいため、企業は最初から世界市場を考えて製品開発をしている。IKEA、H&M などが代表格だが、無駄を省いた万人向けのシンプルなデザインが特徴だ。そして政府は企業のグローバル進出を応援している。そのグローバル市場での企業の国際競争力を高めるのが CSR である。そこで、政府は産業振興・外交戦略の一つの柱として、CSR 担当大使まで置いて CSR 推進に深く関与しているのだ。

ノーベル平和賞授賞式会場となるオスロの市庁舎
（2015年２月、CBCC ミッションにて（撮影は筆者））

また、政府は国際競争力の弱まった産業を保護しない。代わりに競争力の強まった産業に労働者がシフトすればよいと考える。そのための政策として、失業期間の収入保障や職業訓練支援には手厚い。このある意味大胆に割り切った産業政策・労働政策の特徴を表わす“Flexicurity”（Flexibility＋Security）という言葉がある。

環境や福祉に関する政策理念と政策設計は明確であり、その実現のために必要な具体的政策を実施し、国民各層の参加を促す。その流れのなかで、当然のごとく企業も社会的責任を果たすという考え方なのであろう。到達目標を先に決めてから何をなすべきか考えるバックキャスティングの手法は、スウェーデンの NGO、ナチュラルステップが提案したものだが、実際にその手法が、政府・企業・NGO をはじめ社会全体に浸透している。

両国ともサステナビリティの分野では国際的にリーダーシップを発揮してきた。例えば、1972年に初の国連人間環境会議がストックホルムで開かれた（その後10年ごとに国連会議が開催されることになる）。2010年に発行された社会的責任規格 ISO26000作業部会の副議長・事務局は、スウェーデンが務めた。1987年に「持続可能な発展」の概念を確立した国連のブルントラント委員会はノルウェー初の女性首相が率いた。2007年の「オスロ宣言」で始まったクラスター爆弾禁止条約づくりにも、国際 NGO の連合 CMC（クラスター爆弾連合）とともにノルウェーが大きな役割を果たした。このように、両国ともサステナビリティに関する国際規範形成をリードするお国柄である。世界の上場株式の1.3%を保有する世界第２位の規模の政府年金、ノルウェー政府年金基金グローバルが、環境や人権など普遍的価値実現を掲げて環境汚染企業や非人道的兵器製造企業を投資対象から排除しているのも、こうした背景からすれば特別のことではなく、ごく自然なことなのであろう。

北欧企業の CSR の先進性は、このような国家ビジョン・戦略やそれを実現する政策体系を背景としていることがよく理解できた。

ステークホルダーの成熟と高い市民意識

一方でまた、国民の民主主義や市民参加意識の高さも特徴である。責任ある消費行動を広めようと消費者市民教育を推進する急先鋒がノルウェーであることも、その一環として理解できる。社会全体にステークホルダーのサステナビリティに関する理解が深く成熟度が高い。

筆者は学校教育に秘密があるのではと思って、和訳され日本で出版されているスウェーデンの中学の社会科の教科書を読んでみた。タイトルは「あなた自身の社会」。このタイトルからどんな教科書かある程度想像できるだろう。

出典：アーネ・リンドクウィスト、ヤン・ウェステル
『あなた自身の社会―スウェーデンの中学教科書』（新評論、1997年）

実際、地理・歴史の事実や政治制度などの解説書ではなく、現実にスウェーデン社会で起きていることをしっかり伝え、それを自分自身で考

えさせるものとなっている。生々しい社会の現実―離婚、同性愛、犯罪、アルコールと麻薬、貧困、障がい者の存在などをどう受け止め、どう考え、どう問題解決していくか、その力を身に付けさせるための教材となっている。実際に各章には、グループ討議のための課題が書かれており、多様な意見に耳を傾けながら討議の中で自分自身の意見を形成し、問題を克服し社会に生きる力を身に付けさせようという意図がはっきり感じられる。他人任せにせずに一人ひとりが社会の課題と向き合い、わが事として考える姿勢はこうして身に付くのであろう。若者の選挙での投票率も高く、80％から90％にも達するというのもうなずける。

ノルウェー外務省はCSR推進のために、KOMpaktというマルチステークホルダーの部会を主宰している。そのメンバーとの対話の場にも特別参加させていただいた。労組・NGOなどの生のステークホルダーの意見が聞けて興味深かった。日本に足りないのが、こうした見識を持った層の厚い手ごわいステークホルダーであり、また見解を異にする人々とのサステナビリティに関するオープンな対話の場である。

またもう一つ、ノルウェーのビジネススクールの規模の大きさや快適で立派な施設、そしてその中で高いレベルのCSRの研究・教育体制がしっかり確立していることも印象的であった。

スウェーデン、ノルウェーには、企業が自主的に進める日本のCSRとは全く違う世界があった。CSRとはまさに企業と社会との相互作用であり、北欧ならではの社会的背景をもったCSRであることが、よく理解できた。

しかし、2011年に起きた69人もの犠牲者を出したノルウェーでの連続テロの背景にあったように、移民受け入れ問題は豊かな北欧社会にあっても暗い影を落としている。ドイツと並ぶ移民・難民の目的地となっているスウェーデンでも、2016年に極寒のストックホルム中央駅で寝泊まりする難民の子どもたちへの覆面の極右グループによる襲撃事件が起きた。国連人間開発指数でトップグループに位置し、積極的に移民・難民を受け入れ社会への統合政策をとってきた両国にあっても、重い政治的・社会的課題となっている。

Topic 10 中国のCSR

欧州に学び進化する中国のCSR

2018年６月に、第13回となる中国のCSRの国際会議が北京で開催された。中国のCSRの歴史を作ってきた、重要な会議だ。会議の終わりに、例年通り、CSRの優良企業が金蜜蜂企業として表彰された。自然界の共生のシンボルである蜜蜂になぞらえたもので、環境や社会と調和する模範企業として中国のCSRを牽引する役割を求めるものだ。

従来の国際秩序が崩れる中で、存在感を増している中国。CSRも例外ではない。企業の社会的責任に関する国際動向の中で、2010年以降目に付くのは中国をはじめとする新興国、途上国での盛り上がりだ。例えば、日本では企業のCSR報告書発行数の伸びは2007年以降、横ばいだ。対照的に中国ではここ数年、急激な伸長を示しており、ついに3,000社を超えるまでになった。

●図表２－10－１　中国企業のCSRレポート発行数推移

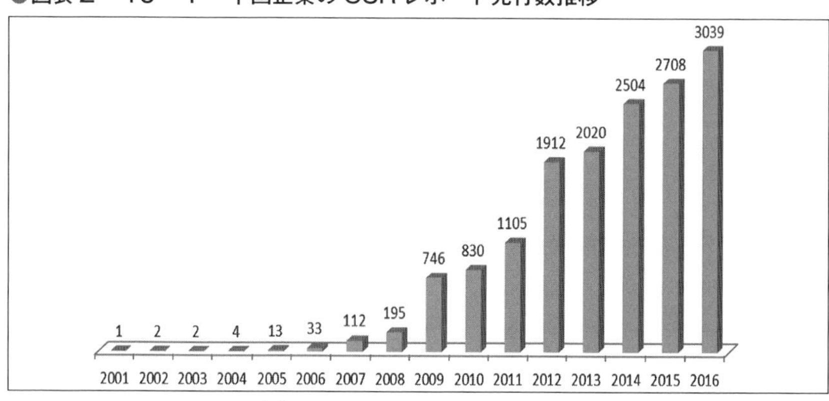

出典：China WTO Tribune/GoldenBee

CSRが国際潮流となる中で、中国のそして中国企業の国際競争力確保の観点から、中国政府はCSRを徹底的に研究した。国営シンクタンクである中国社会科学院では多くの研究者を動員して膨大な量のCSRの論文が書かれたほか、ISO26000作業部会にも、回を重ねるごとに多くのエキスパートを送り込み、最終的には世界最大規模の代表団となったほどだ。ちなみに、2015年にはCSRの国家規格としてISO26000を下敷きにしたGB/T36000シリーズが策定されている。

2018年の会議では、SDGsの実現に向けた欧州と中国の共同イニシアチブが立ち上がった。CSRの先進地域、欧州に学んでいるのも中国のCSRの特徴だ。欧州委員会をはじめ政府が政策的に進める欧州のスタイルが参考にしやすいのであろう。また、呼応するように、ドイツ、スウェーデンなどが外交政策として、中国のCSRの伸展に力を貸している。スウェーデン政府は北京大使館にCSRセンターを設置し、地方公務員へのCSR教育などCSR分野での人材育成に協力している。ドイツの国際協力機関GIZも、長く前出の中国のCSR国際会議のスポンサーを務めていた。

中国がこれほどCSRに力を入れているのは、不思議ではない。サステナビリティ、すなわち環境問題と貧困問題は自身の国家的課題でもあるからだ。持続可能な発展は、胡錦濤主席が打ち出した指導理念「科学的発展観」の根幹をなしていた。従来の経済成長至上主義を改め、資源節約や環境保護、地域間の経済格差是正などを図ることで、調和のとれた社会をめざす考え方だ。国家目標実現のため、CSRを政策として強力に推進する、これが中国のスタイルだ。エネルギー効率改善が不十分な工場には送電をストップする一方、優良企業は表彰し通関手続きを優遇するなど、アメとムチでCSRを奨励してきた。特に国営企業や外資企業には、先頭に立って牽引することを求めている。もちろん、広大な中国全土にCSRを浸透させることは、気の遠くなるような大作業だ。しかし、政治の意思は明確だ。

国内事情に加えてCSRの推進力になってきたのは、国際社会からの圧力である。「世界の工場」である中国は、先進国企業のサプライチェーン・マネジメントを通じて、環境や労働面などでの改善を求められた。当初は対応に苦慮し、反発もしていた中国政府・企業は、やがて主体的に責任あるサプライチェーンづくりを始めた。WBCSD（持続可能な発展のための世界経済人会議）の中国組織であるCBCSDでは、１＋３運動と称して、国内で１社が３社のサプライヤーを指導する運動を実施した。CSRは中国企業の国際競争力向上につながると考え、自ら積極的にサプライチェーン・マネジメントを推進するようになったのである。合言葉は「責任競争力」。環境問題や労働問題は国内の政治課題であるだけではない。グローバル市場での中国企業の競争力向上を強く意識している。

●図表２−10−２　中国におけるCSRの発展段階

1985～1999年	CSRの起源
1990年代終盤～2005年	CSRの議論
2006～2011年	CSRに関するコンセンサス －CSR元年（2006年）
2012年～	CSRのマネジメント －CSRマネジメント元年（2012年）

出典：China WTO Tribune/GoldenBee

国家主導と民主主義―SDGs 達成に必要なこと

SDGs 時代の今、こうして将来のビジョンを描き長期計画を政策的に実現する中国社会のスタイルは、パリ協定がめざす脱炭素社会や、SDGs がうたう誰一人取り残さない社会の実現には向いている。バックキャスティング思考を実践しやすい政治体制といえるだろう。

2018年５月に筆者は蘇州で開催された日中韓三カ国環境大臣会合に出席した。20回を数える歴史のある会合だ。習近平政権は、環境保護省を生態環境省と名称変更して、生態環境思想のもとに、国民の関心の高い大気汚染などの汚染防止、気候変動、生態系保全などを、憲法までも改正して政治アジェンダとして強力に推進している。

こうした政策ビジョンと中国社会の現状との乖離を指摘することは容易だ。しかし、このビジョンに沿って大きくスピーディに変化しつつある中国の現実も見なければいけない。今や中国は世界一の再生可能エネルギー国家であり、環境のグリーンボンド発行残高も世界一だ。大規模な太陽光発電を貧困地域に設置して、地域のエネルギー供給と地元での雇用の創造をめざす、環境問題と貧困問題の同時解決策なども進めている。SDGs のめざすトランスフォーメーションを政府主導で実践しているのが中国の現状だ。中長期のゴールを設定して強力にトップダウンで政策的に推進する中国のスタイルは、うまく機能すればまわり道せず最短ルートでトランスフォーメーションを達成できるかもしれない。

一方で民主主義は時に極めて非効率だ。マルチステークホルダーでの合意形成に５年を要したISO26000のガイダンス規格は、少数の優秀な専門家が書けば半年で同レベルのものができたかもしれない。また非効率であるだけでなく、民主主義の基本である民意尊重は、短期主義やポピュリズムへの危険とも背中合わせだ。わかりやすい例は米国の現状だろう。トランプ政権はアメリカファーストを掲げ、気候変動のパリ協定から脱退し、国連人権理事会からも脱退した。長い目で見てそれが決して米国や米国民自身のためにならないとしても、皮肉なことにそれが「民意」だ。国際連帯や2030年の持続可能な社会を訴えても選挙に勝てない。それよりも当面の株価や景気・雇用の方が選挙民にとって、したがって政治家にとっての関心事だ、という現実がある。

米国の現状は他人事ではない。民主主義体制において持続可能な社会を実現するために、政策に反映させる、政府を動かして正しい選択ができるようにするための方法は一つしかない。それは、市民の声であり、有権者の投票行動を通じた意思表示である。2030年のアジェンダは一見あまりにも壮大すぎて自分事に思えないかもしれないが、実は私たち一人ひとりがどう考え、何を選択するかで未来が決まる。SDGsの一般市民の認知を高めていくことは、その意味から極めて重要な課題であるといえよう。

Topic 11 米国のCSR

米国のCSRは、欧州のCSRとの違いは、などと一括りに語ることは適切でない。類型化に当てはまらない事例はいくらでも出てくるからだ。しかし、世界共通の理解となったとはいえ、米国社会で育まれたCSRには明らかな個性や特徴がある。限られた見聞の範囲内ではあるが、何度も米国を訪れてさまざまな関係者と意見交換する中で、直接感じ取った米国のCSRの特徴について述べてみたい。

埋め込まれた「よき企業市民」の伝統

まず、米国の特徴であり米企業のCSRを語る上でのキーワードでもある、「よき企業市民」という伝統についてだ。日本国内では、もっぱら積極的に社会貢献をしよう、という美しい標語として使われているが、この言葉が生まれた70年代・80年代の米国社会はそんなきれいごとではなかった。神奈川大学名誉教授の松岡紀雄氏が著書『企業市民の時代』に書かれているように、麻薬の蔓延・すさんだ教育現場・貧困という三重苦で荒廃する米国社会の現実に、このままではコミュニティが崩壊し企業自身も立ち行かなくなる、そこで止むにやまれず企業が行動を起こしたのだ。そうした行動の背景には政府に対する不信感があり、政府の手に委ねずに自らの手で解決しようという、強い市民意識がある。さらに源流をたどれば、新天地で政府による桎梏から解放され、自立した市民による自由闊達な競争社会を作ろうとした、建国の理想にまでさかのぼることができよう。

このように、「よき企業市民」という言葉は、米国という国の成り立ちや苦悩する米国社会を背景に生まれた言葉であり、今でも色褪せることなく米国企業に深く根付いている。P＆G、エクソンモービル、Citiグループなど、CSRレポートとは言わず「シチズンシップ・レポート（企業市民報告書）」と名づけている企業は枚挙にいとまがない。環境・人権・労働・コミュニティ開発など、ISO26000でいう７つの中核主題すべてを包含する上位概念がシチズンシップであり、「それはボルトで取り付けられたようなものではなく、我々の戦略や日常行動に深く埋め込まれたものだ」（GEのシチズンシップ・レポート）。米国企業にとって、この先どんなイシューが新たに付け加わっても、それは「シチズンシップ」の一部であり続けるのだろう。

ちなみに、この「よき企業市民」という言葉は、米国企業から学ぶために創設された、CBCC（企業市民協議会）の名前のルーツでもある。CBCCとはCouncil for Better Corporate Citizenshipの略で、対米貿易摩擦が激しかった1980年代後半、日本企業が米国で受け入れられる存在となるよう「企業市民活動」を米国企業から学ぼう、との趣旨で経団連によって1989年に設立された。初代会長はソニーの盛田昭夫氏だった。

設立後しばらくの間、CBCCは米国の企業や社会貢献団体などを訪問するために、幾度となく訪米ミッションを派遣した。その後、CSRが世界の潮流になった2000年頃からは、活動の視点を社会貢献中心からCSRへと広げ、訪問先も欧州、東南アジア、韓国、中国、インド、バングラデシュなど、世界各地域を幅広く訪問するようになった。筆者はCBCCの企画部会長を務めているが、サンフランシスコに本部があるCSR推進団体のBSRをはじめ、米国の投資家、NGO、研究者、先進企業からは実に多くを学ばせていただいている。

BSRのCEO、アロン・クレーマー氏（右）
（2014年２月、CBCCミッションで訪れたサンフランシスコのBSR本部にて（撮影は筆者））

競争戦略としてのCSR

米国についてもう一つ感じるのは、自由な競争社会を勝ち抜く戦略としてのCSRという側面だ。ビジネス戦略としてのCSRである。企業と社会の共通価値創造を説くCSVはまさにその象徴であり、米国ならではの発想だろう。ビジネスとしての成功が大命題で、そのための有効な戦略がCSV、というストーリーだ。CSRは決して企業の経済的発展を妨げるものであってはならない、と考える。

欧州のCSRのフレームが「政策的理念」だとすると、米国の場合は「競争戦略」だ。2000年のリスボン宣言で掲げた欧州の未来像実現のために、社会における企業の役割を定義した欧州流のCSRとは、やはり趣が違う。欧州と比較した場合、米国では社会全体よりも企業の持続可能性あるいは持続的な成長に置かれていることを感じることが多い。欧州委員会によるCSRの定義が、社会に与えるポジティブインパクトとネガティブインパクトを含む、より包括的な理解にたっているのとは対照的だ。

５年間に及ぶISO26000の作業部会においても、同じ産業界でも欧州と米国との見解の違いがたびたび観察された。米国企業は常により現実的であり、自由競争への制約要因への反発はより強かった。米国が国としてISO26000の最終草案に反対投票をしたのは、環境と消費者の章に書き込まれ、遺伝子組み換え食品など未知のリスクに対して企業による積極的な環境・消費者保護の対応を求める「予防原則」への反発からだった。

米国を代表する企業の一つ、ナイキのCSRの歴史を見ると、競争戦略として事業戦略との一体化を進めていった過程がよくわかる。1990年代に東南アジアの契約工場でのスウェットショップ（搾取工場）で批判の矢面に立たされた同社は、1998年に副社長を倫理担当責任者に任命しNGOとともに問題に対処していく。2001年からはCSRレポート発行を始めた。やがてそうした契約工場での環境・人権・労働問題を改善することは、強いサプライチェーンづくりに資することに気づき、戦略的かつ体系的に取り組むようになる。2009年、企業責任部門はサステナブル・イノベーション部門に生まれ変わる。さらに2013年、同部門は中核経営戦略ユニットに移管される。商品開発やサプライチェーン管理を含むバリューチェーン全体を通して、サステナビリティはナイキの競争戦略の中核に組み込まれたのだ。特に製品のデザインフェーズはサステナブル・イノベーションの宝庫だと気づき、2013年にはサステナブルな素材と製造方法に関する“LAUNCH”という共同イニチアチブを、NASAなどとともにスタートさせる。

この一連の進化の過程を、CEOのマーク・パーカーは2013年の同社のCSRレポート[7]のCEOメッセージで、"FROM REPUTATION MANAGEMENT TO INNOVATION OPPORTUNITY（評判維持からイノベーション機会創造へ）"と表現している。文字通り、ナイキのこの守りのCSRから攻めのCSRへの見事な転換は、米国企業のCSRの特徴を示す代表的なストーリーだといえるだろう。

米国先進企業のCSRは、個性的で独自性が高い。CBCCミッションで訪問したGE、リーバイストラウス、オートデスクなど、それぞれのスタイルを築きあげている。一般的にISO26000や国連グローバルコンパクトのような世界の規範・基準にはあまり関心を示さない。従ってGRI準拠のレポートも多くはない。他人と違うことをよしとする社会風土だから当然なのかもしれないが、日本企業の横並び意識とは対照的な、我が道を行く米国企業のCSRだ。

リーバイ・ストラウス社は、CSRレポートのターゲットはズバリ消費者だという。GRIスタンダードなどには興味がなく、染色工程での水使用を極限まで減らしたウォーターレス・ジーンズなど、自分たちのサステナビリティへの取り組みを消費者に伝えて共感を持ってもらうためにCSRレポートを作成している、と語ってくれた。

7　NIKE, INC. FY12/13 SUSTAINABLE BUSINESS PERFORMANCE SUMMARY

サンフランシスコのリーバイ・ストラウス本社訪問
（2014年２月、CBCC ミッション（撮影は筆者））

米国の CSR は危機を救うか

伝統的な企業市民の精神は、トランプ政権のパリ協定からの離脱に際しても遺憾なく発揮された。連邦政府が何と言おうと、我々はパリ協定に残り続けるという“We are still in”イニシアチブには、米国を代表する企業、地方政府などが名を連ねている。この自主独立の精神に基づいた強い意思表示には敬意を表するし、希望を託したいところだ。しかし、離脱は将来へ暗い影を落としている。環境を経済の阻害要因としか考えないトランプ政権下でゴーストタウンのようになってしまった米環境保護庁（EPA）の様子をみると、本来ならこの分野で政策とビジネスの間で生まれるべきシナジーは全く期待できず、この先が大いに懸念される。そして気候変動政策に限らず、イラン核合意からの離脱、保護主義と貿易摩擦、国連人権理事会からの脱退など、自国第一主義を掲げてとどまるところを知らず国際秩序への挑戦を続けるトランプ政権の行く先は見えない。

国内でも、4,000万人以上が食料品購入支援のためのフードスタンプの配給を受けているといわれる貧困問題や、深刻な医療保険の機能不全、社会のさまざまな側面に広がりを見せる豊かな1％と貧しい99％という根の深い格差社会への怒り、何度凶悪犯罪が繰り返されても頑ななまでに維持されている銃保有の自由など、米国社会は多くの矛盾を抱え課題は多い。

戦略的でゴーイング・マイ・ウェイな米国企業の CSR は、果たしてこれらの難題を70年代、80年代のように「企業市民」のスピリットで解決に導くことができるのだろうか。

Topic 12　SDGsオリンピック・パラリンピックをめざす東京大会

オリンピック・パラリンピックとサステナビリティ～ロンドン大会に学ぶ

2020年の東京オリンピック・パラリンピック大会まであと２年となった。全国の小学生の投票で選ばれたマスコットの販売が開始され、大会ボランティアの募集も始まった。活躍が期待される日本選手の特集が組まれるなど、オリンピック・ムードは日に日に高まりを見せている。

一方で、まだ一般にはあまり知られていないが、こうしたオリンピックなどのメガスポーツイベントを持続可能なものにしようとする国際的な機運も、ここ数年でずいぶん盛り上がってきている。

オリンピックとサステナビリティの関係は、特に運営における環境配慮を中心に、1990年代から取り組まれていた。しかし、社会的側面も含めて史上最もサステナブルな大会を標榜して開催された2012年のロンドン大会が一つの先例として名高い。

例えば、イベントを持続可能性に配慮して運営するための方法を定めたISO20121イベントサステナビリティ規格（2012年）というものがあるが、これが生まれたのは2005年にオリンピック・パラリンピックの開催地がロンドンに決まったことがきっかけだった。このISO規格は英国の同趣旨の規格、BS8901をベースにしている。そしてそもそもこのBS規格が開発されたのは、ロンドン大会で活用しようとの意図からだった。ロンドンオリンピック・パラリンピックを史上最も持続可能な大会にしようという、英国の組織委員会や規格協会などの関係者による動きだったのである。国際規格づくりから入るところがいかにも英国らしいが、このことからも、ロンドン大会がいかに大会運営に持続可能性を本気で組み込んだかがよくわかる。

筆者は2016年11月に、ロンドン大会のサステナビリティ推進に中心となって尽力された、「持続可能なロンドン2012委員会」元議長のショーン・マッカーシー氏にロンドンで直接お話を伺うことができた。同氏によれば、実際、会場建設にはリサイクル材を最大限活用したし、低炭素型オリンピックを目指した結果は40万トンのCO_2排出抑制につながった。また、オリンピックを機に自転車を移動手段に使う人が29％増えた、など環境面で多大な成果をあげた。

そして見逃せないのが社会面の成果だ。メイン競技場が建設されたのは、イースト・ロンドンの貧困層が多く住む荒廃した工業地帯だった。民間が手を付けないこの地域の都市再生の狙いをもって、あえてここにオリンピックパークを建設した。住宅、地域集中エネルギー供給や交通アクセス改善など、大会のレガシーを活かしながら、閉幕後は見違えるような地域へと変貌を遂げつつある。

マッカーシー氏は、大会期間中の雇用方針にも言及し、スタッフの23.5％はその当該地域から雇用したこと、ピーク時の全スタッフの39％は元々失業していた人たちであったことなど、貧困問題への配慮をいかに行ったかを数字を用いて説明してくれた。

before

after

ロンドン大会の会場建設を通じた社会開発
（「持続可能なロンドン2012委員会」元議長ショーン・マッカーシー氏の説明資料から）

東京大会をSDGs
オリンピック・パラリンピックに

東京オリンピック・パラリンピックの組織委員会は、「持続可能性に配慮した運営計画（第２版）」を2018年６月に発表した。その中で東京大会を「SDGsオリンピック・パラリンピックにする」、としている。国際規格ISO20121の認証を取得することも決めた。発表された運営計画の内容は、環境配慮や人権・労働への配慮、参加と協働の推進など、多岐にわたっている。筆者も委員としてこの計画策定に関わった。

なかでもSDGsの文脈で注目すべきは、環境配慮もさることながら、オリンピック史上初の「ビジネスと人権に関する指導原則」に則った人権尊重の大会にすると宣言したことだ。次回2024年のパリ大会からは、同原則に則ることが開催国の義務となる。組織委員会との間で交わす契約書に組み込まれるのだ。東京大会ではまだ義務づけられていないが、先取りして自主的に宣言しようということになった。

紙、木材、農産物、水産物、パーム油に関する調達基準を新たにつくったことにも注目してほしい。そこには環境への配慮とともに、先住民の権利、移民労働者の権利、など人権・労働に関する配慮事項が盛り込まれている。ロンドンでマッカーシー氏にヒアリングしたときにも、調達コードにサステナビリティを組み込むことが、サプライヤー、スポンサー、ライセンシーなど多くの関係者の認識を高める最も効果的な手段の一つであることを強調されていた。

この運営計画発表後のメディアの反応を注意して見ていたが、残念ながら国内メディアの関心は薄かった。この計画発表を取り上げるマスコミは少なく、扱ってもせいぜい「エコの大会に」ぐらいで環境配慮に言及するのみであった。海外ではメガスポーツの運営にサステナビリティを組み込むことは大きな関心事になっている。今回の発表に関しても、海外メディアは人権・労働配慮にも言及しバランスよく取り上げていた。国内外での扱いは対照的だった。

●図表２－12－１　持続可能性に配慮した運営計画（第二版）

出典：Tokyo 2020　東京2020オリンピック・パラリンピック競技大会
「持続可能性に配慮した運営計画（第二版）」（2018年６月）

調達コードに関する一般社会での認識も同様に決して高くはない。そうした国内事情を前提に一体どんな調達基準にするべきか。人権・労働ワーキンググループでのパーム油に関する議論では、基準をどれくらい厳しいものにすべきかで意見が分かれた。貴重な熱帯雨林をパーム油のプランテーション開発から保護し、先住民の強制移転などが起きないよう権利を守り、児童労働や強制労働、人身売買などは排除しなくてはならない。妥協せずに目標は高く掲げるべきであり、現状で最も厳しい基準の「持続可能なパーム油のための円卓会議（RSPO）」の認証取得を調達条件とすべきとの強い意見もあった。しかし調達基準を満たすパーム油の流通がまだ少ないこと、日本国内でのこの問題の認識度が極めて低いことを考えると、まずは仕組みとしてスタートさせることが重要であり、調達基準も現実をふまえたものにすべきであるとの意見も出された。

結局、パーム油の調達基準は、現時点で最も厳しい基準であるRSPOだけに限定せず、インドネシア、マレーシアでそれぞれ使われているISPOとMSPOの2つの認証基準を加えた3基準のいずれかを満たしていればよいという、現実的な結論に落ち着いた。理想からは遠いかもしれないが、まずは現状から一歩前に踏み出すことだ。そしてそこで満足せずに絶えずより高い基準をクリアできるようになるよう、国も、企業も、消費者も、関心を持ち続けて関与することだ。基準に満たない製品を排除することはある意味でやさしい。しかし、それは生産者などの当事者の改善の機会を奪うことにもなる。

今の日本に何よりも必要なのは、まず問題の所在を多くの人が知り、調達基準への意識を高めることだ。東京オリンピック・パラリンピックを、サステナビリティに関する国内外の課題を学び、考える絶好のチャンスととらえ、さまざまな機会をとらえて啓発普及に力を入れるべきであろう。

Topic 13　世界のソーシャルビジネスとSDGs

社会的ミッションと事業性を追求するソーシャルビジネス

最近、国内でソーシャルビジネスが注目を浴びている。成功事例も生まれ、若い人たちの起業への関心も高まっている。従来、企業は利益指向、NPOはミッション指向、それぞれ事業性と運動性がその特徴で、水と油のように相容れないものと考えられてきた。しかし、その両者の特性をあわせ待ち、社会的ミッションをもちつつ、事業性を追求する新たな形態が出現した。「ビジネスとしての社会事業」、それがソーシャルビジネスだ。

経済産業省のソーシャルビジネス推進研究会での定義は「社会的課題（高齢化問題、環境問題、次世代育成など）を市場としてとらえ、その解決を目的とする事業。『社会性』『事業性』『革新性』の３つを要件とする」としている。この定義に当てはまるのであれば、株式会社でもNPOでもよく、組織形態は問わない。

例えば、首都圏で病児保育という新しいサービスを開発して社会的ニーズにこたえるフローレンスはNPOだ。代表の駒崎弘樹氏は、大学在学中から起業にチャレンジし、発熱など体調を崩した子どもを預けられずに困っている親のために、会員制の病児保育サービスをスタートし成功を収めた。ニューズウィーク誌は駒崎氏を「世界を変える社会起業家100人」に選んだ。その体験を綴った本は、書店でベストセラーになるほど多くの若者の共感を呼んだ。

また、日本ポリグル（株）は独自の浄水技術を生かして、バングラデシュで飲料水の浄化ビジネスに取り組んでいる。天然素材を原料とした錠剤を入れ攪拌するだけで汚れが吸着され沈殿するという極めてシンプルな技術だが、これが途上国の貧困層のニーズにマッチする、社会的課題を解決しながら新たな市場開拓につなげる、インクルーシブ・ビジネス（inclusive business）を実践している企業だ。

途上国はソーシャルビジネス先進国

海外では、欧米先進国だけではなく、途上国でもソーシャルビジネスは盛んだ。ビジネスの規模がケタ違いに大きく、ユニークなビジネスモデルが次々と生まれている。むしろ途上国はソーシャルビジネス先進国になりつつある、と感じる。以下にインドとメキシコの実状をご紹介したい。

インドで開催された2016年の WBCSD 年次会合のメイン・テーマは、前年に採択された SDGs だった。そして会合の特徴は、初日に社会起業家や NGO を訪ねる丸一日のフィールド・トリップが用意されたことだ。筆者は用意された 6 つのコースの中から、世界最大の白内障手術件数を誇る有名なアラビンド眼科病院など 3 か所を訪問するコースに参加した。

アラビンド眼科病院は、ビジネス・スクールのケースにもよく取り上げられている。失明を一掃しようという野心的目標をかかげ、過去40年間で400万件もの白内障手術を行って、インドの貧困層を失明から救ってきた同病院の経営幹部の話はとても興味深かった。低廉な価格で医療サービスを提供するためにマクドナルドを経営モデルにしたといい、「大量・高品質・低コスト」の医療モデルを導入している。スケールメリットを生かして手術用人工レンズやメスなどの手術器具まで内製化してコストダウンを図る一方で、医者や看護士には病院のミッションを研修で徹底し企業風土づくりに力を入れている。患者の半数を占める貧困層には医療費無償化やバス送迎などにより治療が受けられるようにしながら、経営全体では採算を維持している社会的企業だ。今や、アフリカへのこのビジネスモデルの移植を進めているという。いわゆる南南協力だ。

こうした視察を会議初日に持ってきたねらいを、WBCSD幹部は「フィールド・トリップで得たインスピレーションや、感じた情熱を、会議での議論に持ち込むため」とした。従来も会議開催地の会員企業を訪問し、その取組事例を学ぶフィールド・トリップは存在したが、それは会議終了後のオプションであり、テーマも省エネ施設見学など環境マネジメントの事例を学ぶことが多かった。今回の視察テーマは主にインドの貧困問題をどう革新的なビジネス手法で解決するか、であり、訪問先が社会起業家やNGOであったのも大きな特徴だ。

WBCSDは早くから、これまでにない革新的手法とスケール感でビジネス・ソリューションを提供するにはどうしたらよいか、を模索している。その意味で、WBCSDがインドを開催地に選んだことは正解だった。CEOのピーター・バッカー氏が言う通り、インドにはSDGsの課題すべてがあり、革新的手法で取り組む数多くの先進事例がある。インドはSDGs達成のカギを握る国ともいえるだろう。

翌2017年は、同様にメキシコシティでの年次会合時にも、社会起業家からお話を伺う機会があった。メキシコでは、人口1億2,400人のうち5,000万人が1日3.2ドル以下で暮らす貧困状態にあると言われる。社会的課題の解決には、インドと同様に事業規模の拡大が必須であり、そのための人材育成や金融商品の導入も進んでいる。例えば、BAMXという団体では、企業などから廃棄前の食品の提供を受け、貧困家庭に配付する仕組みを構築し、年間11万トン以上の食品を150万人もの人々に届けている。農家から規格外の野菜を譲り受け、それに野菜料理のレシピをつけて貧困世帯に安く提供する。貧困層はとかく野菜不足になりがちだからだ。また、代金を支払えない人々には、BAMXで雇用機会を提供する。そして協力農家からは野菜をタダで譲り受ける代わりに、農園労働者の賃金を肩代わりして彼らの収入増にも寄与している。あわせて、飢餓と貧困のサイクルを断ち切るためのスキルや機会の提供も行っている。

メキシコではこうした社会起業家などを育てる教育にも力を入れている。メキシコシティから車で2時間余りの緑豊かな森の中には、環境や貧困などサステナビリティに関する課題を解決し、社会を変革できる人材を育成するための、メディオ・アンビエンテ大学（UMA）という大学がある。素晴らしい環境の中で、ラテンアメリカ各国から優秀な若者が集って学んでいる。

2017年10月、メキシコシティでの社会起業家との交流会（撮影は筆者）

インドとメキシコ、どちらの事例も、ビジネスの力は社会的課題解決のために、社会をトランスフォーム（大変革）する力を持ちうること、そして課題の「宝庫」である途上国はSDGsの先進地域になる可能性を秘めていることを示唆している。

企業もこうした新しい動きに刺激やヒントを得て自社のSDGs戦略に取り入れていくのがよいだろう。と同時に、ソーシャルビジネスと連携したり、人材育成に協力するなどによって、新たな資金循環を生み市場・雇用を創出するソーシャルビジネスの発展を支援していくことも必要だろう。

Topic 14 インパクト投資と高まるインパクト志向

G8のインパクト・インベストメント・フォーラム

新たな投資手法として、インパクト投資が注目を集めている。日本で残高が急増するESG投資のような企業への株式投資ではなく、社会的課題解決をめざす事業やプロジェクトに直接出資するものだ。その定義は、「金融上のリターンに加えて、測定可能な社会的・環境的インパクト（社会的リターン）を生む意図を持ってなされる、企業やさまざまな組織、基金などへの投資[8]」とされている。

例えば、途上国の課題解決のための資金調達手段として発行されるワクチン債など、国際開発分野で新たな資金の流れを作り出している社会貢献債券もインパクト投資に含まれる。また、再犯率の低下、ホームレス支援、貧困世帯児童の教育支援など社会的課題解決のための新たな手法として開発された官民連携スキームである、ソーシャルインパクト・ボンドもインパクト投資の一類型だ。

インパクト投資は、より広義のサステナブル・インベストメントのなかでは、新たな投資戦略であり、他のカテゴリーに比べてまだ規模はきわめて小さいが、「公共サービスの供給システムや金融システム、NPO等社会的セクターのファイナンス（資金調達）に、イノベーションをもたらす[9]」ことになり、今後大きく成長するだろうと言われている。

8　GIIN（Global Impact Investing Network）による定義
9　塚本一郎・金子郁容『ソーシャルインパクト・ボンドとは何か』（序章「ソーシャルインパクト・ボンドの社会的意義」）（ミネルヴァ書房、2016年）

●図表２－14－１　世界のサステナブル・インベストメント投資手法別残高

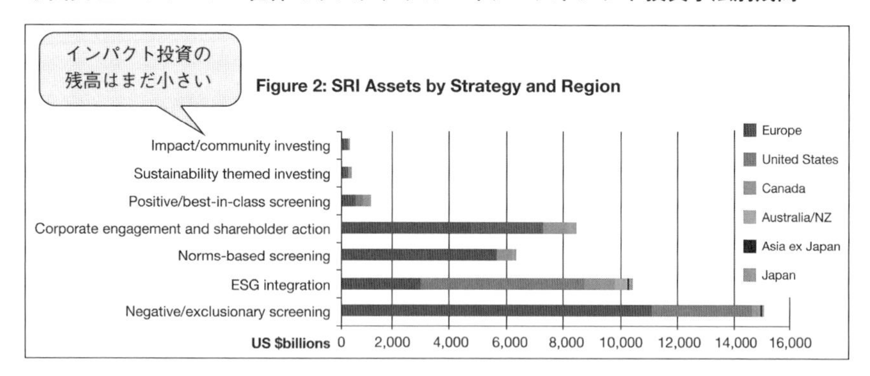

出典：GSIA（2016）"Global Sustainable Investment Review"

このインパクト投資をテーマに、英国政府主催でG8ロックアーン・サミットの関連フォーラムが2013年６月にロンドンで開かれ、筆者も参加した。インパクト投資の概念への理解を政治リーダーの間で広めるとともに、具体的に国際標準を検討するG8のタスクフォースが設立されるなど、一連の動きの契機となった重要な会議だ。

英国は、G8議長国として、首脳会談に先立って「ソーシャル・インパクト・インベストメント」「食糧安全保障と栄養」、「科学」、「イノベーション」、「貿易・関税・透明性」の５つのテーマについて、フォーラムを開催した。インパクト・インベストメントは、それらの皮切りとして６月６日にロンドン・シティのブルームバーグ欧州本社ビルで開催され、G8の政府代表、国際機関、金融機関、企業、NGO、財団関係者など約170名が参加した。本テーマは、キャメロン首相自身の思いが特に強いテーマと言われ、会議全体を通じて、インパクト・インベストメント市場の成長に向け世界的協力を主導しようという、英国政府の意図が強く感じられた。

会議冒頭でキャメロン首相のスピーチがあった。プログラムに記載はなく、登壇はサプライズであった。首相は演説原稿は全く見ずに約20分間のスピーチを行った。休眠預金を財源とするインパクト投資のためのホールセール基金、ビッグソサエティ・キャピタルを前年に立ち上げたことや、インパクト投資プロジェクトの英国内での成功事例も紹介し、経済的・社会的リターンが両立する画期的な手法であると確認できたこと、今や世界のインパクト投資の半分以上が英国であり世界に先行していること、などを述べ、「本件はG8で枝葉のテーマではなく、重要テーマとして議論したいのだ」、と熱く語っていたのが強く印象に残っている。

「ビッグソサエティ・キャピタル」の名称が示すように、キャメロン政権の政策指針は「小さな政府」ではなく「大きな社会」だ。財政支出削減のために民営化して政府を小さくするなどという発想ではなく、逆に社会の方を大きくする、つまり社会課題に対する民間の解決力を高め、「大きく」するためのイノベーティブな新しい仕組みをつくるのだ、という思いが「ビッグソサエティ」という言葉に込められている。

フォーラムではその後、事業実施者とその事業への出資者へのインタビューという形で具体的事例が次々に紹介され、インパクト投資の将来性と課題、途上国支援への適用可能性について、パネルディスカッションが行われた。筆者も総括的な位置づけとして行われた最後のパネルに登壇し、世界的な普及推進のために何が必要かを議論した。そこでは、評価測定手法の開発・標準化のタスクを作るべき、ナレッジ・バンクをつくろう、などのアイディアが出された。

高まるインパクト志向とインパクト評価の重要性

インパクト投資にはさまざまな類型があるが、いずれでも共通に重視されるのが、G8フォーラムでも関心テーマの一つであったインパクトの評価・測定である。インパクトとはそのプロジェクト実施によって、どれだけの変化が生じたか、課題解決への貢献度合いを測定することである。

インパクト評価の重要性はインパクト投資に限った話ではない。CSRの取り組みやSDGs達成に関する本業を通じた貢献においても、従来のようにインプット（資源投入量）やアウトプット（実施結果）だけを測定してよしとせずに、アウトカム（成果）やインパクト（波及効果も含めた最終的な変化）を測定することで、目標達成への真の貢献度合いを評価することができる。

測定なければ改善なしであり、評価のための評価ではなく、さらなる改善点をインパクト評価のプロセスや結果の中から見出すことが可能であり、イノベーションを生み出すためにも必要とされる。また、ステークホルダーへの説明責任の観点からも重要である。SDGsへの取り組み成果を企業が情報開示するときにも、この視点がますます必要になってきている。

そもそもCSRの定義は企業が社会や環境に与えるインパクトに対する責任である。従って当然、そのインパクトを見える化することが求められる。時代の先を読んでこれまでもさまざまな提言をしてきた

WBCSD（持続可能な発展のための世界経済人会議）では、早くも2008年に世銀グループのIFCと共同でインパクト評価の枠組みを検討しMeasuring Impact Frameworkとして提言している。また2014年には企業が生み出す真の価値を見える化しようと「価値の再定義（Redefining Value)」プロジェクトを立ち上げ、2015年には先進企業のインパクト測定の試みを紹介する報告書（Towards a Social Capital Protocol–A Call for Collaboration）を発表した。さらに、企業が自然資本や社会資本にどれだけ依存し、どれほどインパクトを与えているかを図る共通の物差しを確立しようと、自然資本プロトコルおよび社会資本プロトコルの２つの野心的なプロジェクトを走らせている。

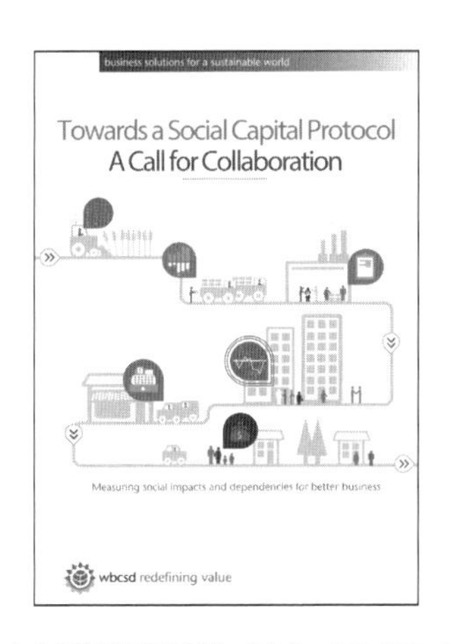

企業のインパクト評価先進事例集（出典：WBCSD ウェブサイト）

こうしたインパクト評価にはまだ定番と言えるような手法はないものの、さまざまな主体によって開発され、いろいろな場面で用いられている。今後さらなる進化を遂げ洗練されて使いやすいものになり、広く使用されていくことは間違いない。

国際機関では、例えば世銀グループが成果に基づくファイナンス（RBF：Result-Based Financing）を推進しているし、ソーシャルインパクト・ボンドのスキームにおいて採用されている、達成された成果に応じてサービス提供への対価が支払われるPbR（Payment by Results）という契約方式は、公共サービスの成果連動型報酬の考え方の普及を促進していくであろう。

関連して、日本国内でも、ようやく成果志向の行政評価が取り入れられるようになってきた。例えばいわゆる「行政事業仕分け」と呼ばれる行政事業評価の視点として、エビデンスに基づく政策形成（evidence-based policy making）の必要性が強調されている。予算消化率のようなインプット、アウトプットベースの事業評価ではなく、政策と目標とする成果との因果関係をよく分析して、例えば同じ金額の予算を投入するのであればCO_2削減トン数が大きい政策ほど効果が大きいのだから優先すべき、と判断することなどが一例である。また、行政事業レビュー用に事業概要を説明するための記入シートも、目標や実績はアウトカム（成果）ベースで記入するよう設計変更されている。限られた行政予算を最も効果的に活用して成果をあげるために、これからさらに浸透が望まれる評価手法である。

インパクト志向は間違いなく世界の重要トレンドだ。政府の政策評価からNPOの活動評価、企業のCSRの成果評価まで、SDGs時代にはこうした評価手法を磨き普及していくことも、目標達成のために必要な取組み課題だ。

Topic 15 ESD と企業

ESD とは何か

ESD という言葉は、あまり馴染みがないかもしれない。Education for Sustainable Development の略で、「持続可能な開発のための教育」を意味する。環境教育だけではなく、人権教育や防災教育など社会的側面も含めた、幅広い概念だ。日本はこの ESD の普及・浸透に積極的に関与し、貢献してきた。2002年のヨハネスブルグ・サミットにおいて日本が政府と NGO の共同で提案した「国連 ESD の10年」が2005年から2014年まで実施され、最終年にはその総括のための国連会議が名古屋で開催された。

●図表２－15－１　ESD の概念図

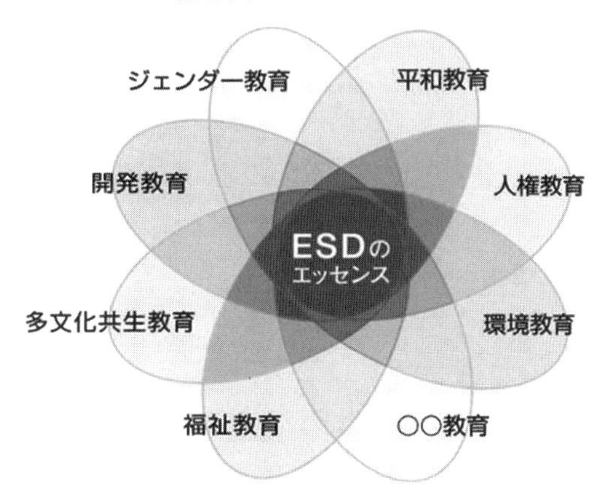

出典：ESD-J ウェブサイト

1992年のリオ地球サミットを契機に、「持続可能な発展」という言葉は世界に広まっていった。しかしこの理念を実現するのは簡単ではない。これまでの延長線上ではダメで、社会や経済のシステムを大きく変えていかなければならず、そのためには人々の思考や行動を変えていく必要がある。また、環境や貧困など解決すべき課題はあまりにも大きく、政府や特定のセクターだけの行動で解決するものではない。共通の理解を、すべてのセクターによる共同行動へとつなげていく必要がある。こうした変化を引き起こし、課題解決を担うのはいうまでもなくヒトだ。よって、持続可能な発展のための教育が不可欠だ。

ESD という言葉は知らなくても、この ESD の考え方やその重要性に関して意義を唱える人はいないだろう。しかし、ESD の10年が飛躍的な成果をあげたかというと、疑問符がつくし、課題も多い。

まず第１に、認知度・理解度の低さである。筆者は ESD の10年を推進するための国内 NPO である ESD-J の活動に理事として関わっていたが、提案国日本においても、ESD の認知度は未だに高くはない。また、残念ながら国際的にも浸透していない。持続可能な発展を規格のねらいとする ISO26000作業部会においても同様だった。社会的責任を組織で浸透させるには ESD が重要、と明記を提案した時、世界中から集ったこの分野のエキスパートの間ですら、「ESD って何？」という反応が一般的だった。環境教育はわかるが、ESD となると、貧困、人権、ジェンダー、防災なども含む幅広い概念なので、輪郭がぼやけてしまいとらえにくい、という事情もある。幸い、作業部会では支持する意見が出て採択されたものの、国際的な ESD の認知度の低さを実感した場面として今でも記憶に残っている。

第２に、ESD がどうしても学校教育の枠内だけでとらえられてしまうことである。国連では UNESCO が所管し、国内でも文部科学省と環境省が中心となる。自然と、関心を持ち、力を入れるのは教育関係者に限られてしまう。むろん、未来を担う子どもたちに座学や体験を通して理解させることは極めて重要だが、本来ESDが目指しているのは、子どもたちだけでなくさまざまな主体が学び行動することであり、そのための教育の機会を、学校教育に限定せずに社会教育も含め、広くあまねく社会全体に広げることである。

企業とESD

企業とESDのかかわり、という点からみるとどうだろうか。現状では、ESDというと連想されるのは、小学校の理科の時間に出前授業で実験を通じて環境問題を教える、といった社会貢献活動ではないだろうか。そのこと自体は素晴らしい活動に違いはないが、この殻を打ち破らないと本当のESDにはならない。

ESDは決して子ども向けだけのものではない。持続可能な社会をつくるために本当に必要なのは、政策決定や企業の意思決定に関わっている「大人」が変わることだ。よって大人の教育こそが重要だ。さまざまな分野において、守るべき価値基準として「持続可能な開発」の優先順位をあげていくこと、これなくしては持続可能な社会の実現も不可能だ。CSR担当者が腐心しているところであるが、全社員への教育、とりわけ、ビジネスの中核を担うリーダー層へのこうした教育が、会社を変えるためのカギを握る。ESDは社会貢献活動の一種として片隅におくものではなく、実はCSR推進において中心に据えるべき重要テーマである。

残念ながら、このESDという言葉や概念は、教育関係者や研究者はともかく一般市民や企業関係の間では広まっていない。そこで、ESDの推進に微力ながら関わっている者として、2014年に国連会議が名古屋で開催されるのを機会に、日本企業の間でも認知度を高めさらなる取り組み推進のきっかけにしたいと考えて、「企業によるESD宣言」を立ち上げることを思い立った。

企業によるESD宣言

はじめに

国連ESDの10年の最終年を迎えるにあたり、さまざまなステークホルダーが「ESDに関するユネスコ世界会議」に向けた活動を展開している。企業においても、社会的な役割への期待が高まるなかCSRの浸透が進み、ESDにおける企業の役割が重要さを増してきた。
こうした背景のもと、この10年日本の民間サイドのESD推進を担ってきたESD-J（認定NPO法人 持続可能な開発のための教育の10年推進会議）の会員企業を中心に、ESDに関心をもつ企業・団体が集うゆるやかなネットワークの場として、2014年4月、「ESD企業の集い」が誕生した。そして各社の取り組みの共有・交流を図り、企業におけるESDのあり方を世界会議に向けて発信していけるよう「つながり」を生み出す場として会を重ねてきた。
この「ESD企業の集い」への参加企業・団体有志が、日本の企業におけるESDとは何かを示し、その行動指針をとりまとめた「企業によるESD宣言」を作成した。この宣言は、それぞれの企業・団体の自主的な取り組みを促すものであり、国連ESDの10年の最終年を機に、企業として今後も関心を持ち、連携して取組んで行く、という共同宣言である。

1．基本認識

(1)「持続可能な発展」の理念の実現には、すべての組織や個人が参画し、共通認識のもとにそれぞれが主体的に行動することが必要である。組織を担う主体は「人」であり、従ってすべての人に対する教育＝ESD（持続可能な開発のための教育）が、そのカギを握る。
(2)とりわけ、企業が社会や環境に与えるインパクトが増大するにつれて、企業に責任ある行動や持続可能な発展への積極的な行動を求める声が高まっている。そうした声に応えて、CSR（企業の社会的責任）の共通認識や実践は世界中で広がっている。
(3)企業は技術・ノウハウや人材など、持てるリソースを活用してさまざまな課題への解決策を提供してきた。これからも商品・サービスの提供などの本業を通じてイノベーションを生み出し、ライフスタイル変革を導くなど、幅広いステークホルダーと連携して、持続可能な発展のために社会変化を巻き起こす役割を期待されている。
(4)ともするとESDは、学校教育の枠内のみでとらえられがちであるが、それ以外の幅広い社会教育・生涯学習の視点も同様に重要である。特に、持続可能な発展に果たす企業の役割の重要性が高まるに連れて、「企業とESD」は、重要な視点となっている。
(5)企業による事業活動は、所在地域社会と密接な関係をもつとともに、ひろく世界ともつながっている。ESDにおいても、地域の観点、グローバルな観点、この両方を常に意識して行動することが重要である。
(6)本宣言はESDにおける企業の関わりについて、基本姿勢を述べたものである。本宣言を支持する企業は、基本認識を共有し、行動指針に沿って、創意工夫をこらしてそれぞれ主体的にESDに取り組んでいく。

2．行動指針

(1)商品やサービスの提供など、それぞれの事業を通じて持続可能な発展に資することができるように、企業内での人材の教育・育成に力を注ぐ。そのことによって、持続可能な発展の視点を事業活動に組み込んでいく。
(2)未来を担う若者・子どもや一般市民などを対象に、学校教育や生涯教育においても、企業ならではのリソースを生かした多様な社会貢献活動を通じて、ESDへの実践を積極的に行う。
(3)地域の視点を大切にする。地域の課題解決のために、ステークホルダーと幅広く協力し、対話し、学びあい、人を育む。
(4)グローバルな視点をもって、地球規模の課題の解決のためにESDを進める。海外関係先のESDやキャパシティ・ビルディングなどにも取り組む。
(5)企業として率先して主体的に取り組むとともに、積極的に情報を発信し、幅広いステークホルダーとのコミュニケーションを行う。
(6)志を同じくする国内外の他のステークホルダーと連携する。とりわけ、NPOやNGOなどの市民社会組織との対話や協働を積極的に行う。

以上

2014年10月1日

「ESD企業の集い」参加企業有志一同

Asahi　伊藤園　MS&AD MS&ADインシュアランスグループ　KNCF　損保ジャパン日本興亜　公益財団法人 損保ジャパン日本興亜環境財団　J-POWER　東京商工会議所　TOHO GAS　日本商工会議所　HITACHI Inspire the Next　FUJITSU　前田建設　三井住友信託銀行　ユニーグループ・ホールディングス　ESD-J

企業によるESD宣言（出典：ESD-Jウェブサイト）

ポイントは、企業内での社員教育に力を入れることだ。企業の本業、つまり商品・サービスの提供を通じて持続可能な発展に貢献するためには、社員教育が不可欠だ。もちろん、加えて学校教育や社会人教育への積極的な貢献も、奨励される。また、ESDには地域の視点とグローバルな視点の両方が欠かせない。地域においても、グローバルにも、さまざまなステークホルダーと協力し学びあいながら、課題解決に向けて人材育成を進めていくことだ。これらの点が宣言の骨子である。

この「企業によるESD宣言」は、企業としてESDに関する共通認識をもつための「基本認識」と、具体的な行動を例示する「行動指針」のふたつのパートからなる2ページの文書だ。ESD-Jのウェブサイトから、日・英両方のバージョンがダウンロードできる。

宣言を活用して取り組み加速を

幸いにも、ESD-Jの企業会員に加えて経団連自然保護協議会、日本商工会議所・東京商工会議所など産業団体からも賛同をいただき、「ESD企業の集い参加企業有志一同」として、2014年の名古屋での国連会議公式サイドイベントや、直後の国内フォローアップ会合などの場面で紹介することができた。

その一つ、筆者が登壇した総括会合の公式サイドイベントでは、日本の市民セクターによるESD宣言とともに、日本企業の宣言を、各国政府代表などが参加する前で発表した。会議全体を通じて企業セクターの参加や発言が極めて少なかったこともあって、関心をもっていただいたと思う。例えばドイツの参加者からは、自国でも企業の参加を推進する会議を近く開くので、是非参考にしたい、詳しい情報を欲しい、との要請をいただいた。

国内でも今後、持続可能な発展を社会のいたるところで主流化するための学校教育・社会教育に、企業も一員となって取り組むことが期待される。その一つのきっかけとして、企業によるESD宣言を活用していただけたら、と考えている。

SDGsとESD

SDGsでは目標４に「すべての人に質の高い教育を」を掲げている。これは、SDGsの目標の中でも、他の目標達成にも関係する基盤的目標の一つだ。その中のターゲット4.7には、「全ての学習者が、持続可能な開発を促進するために必要な知識及び技能を習得できるようにする。」とあり、ESDの重要性に言及している。つまり、持続可能な発展を正しく理解し自分で考えて行動する力は、読み書きそろばんと同じように現代を生きる地球市民として備えるべき基本的能力であり、SDGs達成には欠かせないリテラシーである。ちなみにこのターゲットは日本から提案して採用されたものだ。

2020年からの新しい学習指導要領には、SDGsが取り入れられるという。また、私立中学の入試にSDGsが出題されるのではと、子ども向けのSDGsの参考書の売れ行きがすこぶる良いそうだ。喜ばしいと思う反面、17の目標を丸暗記して事足れりというような表面的な勉強だけは決してしてほしくないと思う。

幸い、タイミングよく「国連ESDの10年」の後継プログラムとして2015年から「ESDに関するグローバル・アクション・プログラム(GAP)」がスタートし、日本でもGAPの実施計画（ESD国内実施計画）が策定された。その一環で、各地域でESDの取り組みや情報・経験の共有を促進するための組織として、新たにESD活動支援センター（全国・地方）が整備され、地域のESD活動実践の核となる推進拠点と共に、全国的なESD推進ネットワークが形成された。地域のあらゆるステークホルダーを巻き込んだ、持続可能な発展への学びと実践のための、つまりはSGSs達成のための、参画・協働のプラットフォームとなることが期待される。

ターゲット4.7に明記されたESDは、SDGs達成のためになくてはならない重要な取り組み項目である。SDGsが世界の共通言語となる中で、持続可能な発展への関心が社会のあらゆる層で高まり、本来あるべきESDへの関心もまた高まって、共感とともに実践が広がることを願ってやまない。

Topic 16 経営への統合に向けて

SDGsを統合するうえで欠かせない経営トップの役割

SDGsに取り組むうえで欠かせないのが、経営のリーダーシップである。SDGsを経営戦略に組み込むためには、経営トップが本気を出すことが必要だ。

この点に関連して、興味深い調査結果がある。（一財）企業活力研究所が主宰しているCSR研究会による、日欧企業のSDGsに関する比較調査だ[10]。

●図表２－16－１　SDGsの社内での認知度（%）

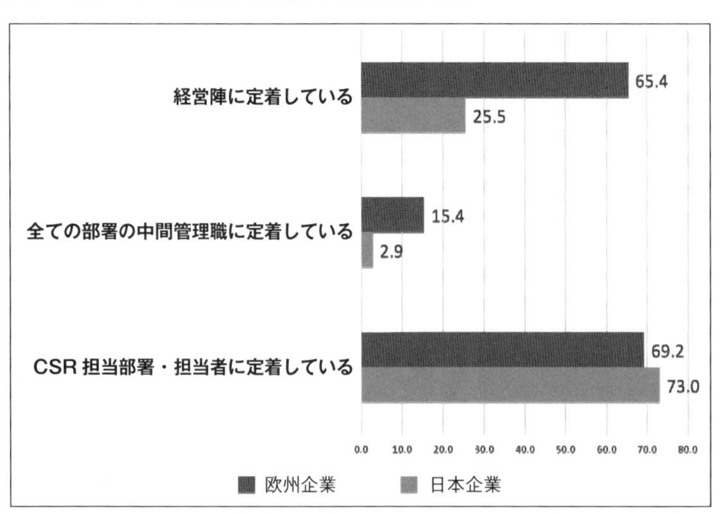

出典：「社会課題解決に向けた取り組みと国際機関・政府・産業界の連携のあり方に関する調査研究報告書」（（一財）企業活力研究所、2017年３月）のデータをもとに筆者作成

●図表２－16－２　社会課題（SDGs等）解決の位置づけ（%）

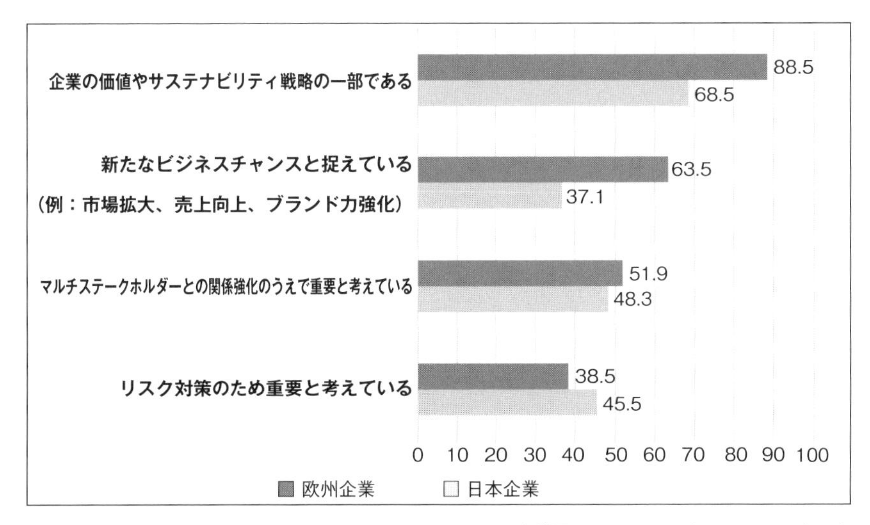

出典：「社会課題解決に向けた取り組みと国際機関・政府・産業界の連携のあり方に関する調査研究報告書」（（一財）企業活力研究所、2017年３月）のデータをもとに筆者作成

両者を比較して、日欧で違いが際立っているのが、経営層のSDGsに関する認知度合いと、SDGsを新たなビジネスチャンスと捉えるかどうか、の２点である。いずれの数値も欧州企業の方がはるかに高い。この差はいろいろな原因が考えられるが、なかでもサステナビリティに関するステークホルダーの認識と行動の違いが大きいのではないか。欧州では政府がCSR推進策に力を入れているし、ESG投資は世界で一番普及している。またNGOの社会からの信頼度や企業行動への影響力も大きいし、メディアも環境・人権などサステナビリティに関する情報を頻繁に伝える。従って、経営者がこうした話題に直接触れる機会が多い。多くの日本企業が、CSR部門からボトムアップで経営層にサステナビリ

10「社会課題解決に向けた取り組みと国際機関・政府・産業界の連携のあり方に関する調査研究」報告書（企業活力研究所、2017年３月）

ティの重要性をインプットして理解を得るのに苦労しているのとは対照的だ。実際にこの苦労は、経団連が2018年７月に発表した「企業行動憲章に関するアンケート調査」結果にも表れている。アンケート回答として、SDGsに取り組むうえでの課題に「経営層の理解促進とコミットメントの表明」があげられているし、人権を尊重する経営を実践するうえでの課題としても、「経営幹部レベルにおける強い支持と実践が必要」との声がある[11]。

この欧州企業における経営トップの認識の高さは、アンケート結果が示しているように、SDGsをビジネスチャンスととらえて経営戦略に組み込むうえでの大きなアドバンテージになっている。経営トップが、サステナビリティがイノベーションを創出することに気づき、SDGsがそのための実践的なヒントであると考えるかどうかが、実際に戦略化するために必要なカギとなるからだ。2030年のグローバルビジョンに沿った自社の長期ビジョンを社内外に示すことなどは、経営トップをおいて他にはできないだろう。

この重要な経営トップの巻き込みをどう進め、どうしたらトップ自身に本気になってもらえるかは、日本企業のCSR担当者にとって共通の長年の悩みだ。妙案はないが、まず必要なのはトップ自身が関りをもつ機会を多くつくることだろう。部下の話を受け身で聞くだけではなく、自分自身で発信する機会を多く持つことだ。CSRレポートのトップメッセージ作成はその意味でいい機会になる。CSR担当者が書いた原稿をそのまま掲載するのではなく、何度も打ち合わせを重ねてトップ自身の言葉で語るものに練り上げていく必要がある。CSRレポーティング

11 出典：「企業行動憲章に関するアンケート調査結果」（経団連、2018年７月17日）

の意義は、こうした社内での対話プロセスによって社内各層への浸透を図ることにある。特に力を入れるべき点である。

また、トップ自身が先行している企業のトップから刺激を受ける機会をつくることも有益だ。例えばWBCSDでは、カウンシル・ミーティングという年次会合がある。ここは世界の会員企業各社のCEO自身が参加し、議論する場だ。WBCSDの組織の特徴でもあるが、誰に決めてもらうのでもなく会員企業が議論して方針を決め、問題意識を共有して行動する。この場にCEOが参加して、次になすべきことや政府への政策提言などについてのグローバルな議論に加わることは得難い経験である。

CSRマネジメントの3要素とは

かねてから筆者は、社内にCSRを定着させるカギは、3要素だと考えている。それは、ビジョン、システム、教育である。このうち一つでも欠けたら社内浸透はうまくいかない。いわば3要素は足し算ではなく掛け算だ。

まず第1には「ビジョンの確立」である。この点で既述のようにトップの果たすべき役割は大きい。社員が共有すべき理念や中核的価値に、サステナビリティをしっかり組み込むことだ。そのためにSDGsは格好の社内の共通言語として活用できる。第2に、そのビジョンを絵に描いた餅にせず、日々の意思決定につなげ事業活動において具現化させるためのシステムが必要になる。組織を動かす基本であるPDCAマネジメントシステムの確立だ。そして第3に、ビジョンやシステムという形づくりだけでは不十分で、社員が本当に理解して腹に落ち、自ら行動するような社員教育の徹底が必要不可欠だ。

実際のところ、形づくりよりも、この社員を教育して心の態度や行動を変えさせることの方がはるかに難しいし時間もかかる。そのためには社員教育を、知識、理解、体験、行動、の４つのキーワードを意識し工夫して進めるとよい。例えばSDGsを知識として知っている、あるいは理解していることは必要だが、それだけでは十分ではない。共感をもって腹落ちし、それが行動にあらわれるようにするためには、何らかの体験プログラムを作って多くの社員を参加させることも有効だろう。

ステークホルダーダイアログ（対話）の重要性

この体験型の社員教育とも関連するが、トップから各部門の社員まで、心の態度や行動の変化をもたらすために役立つ一つの手段に、ステークホルダーとのダイアログ（対話）がある。よく計画し運営も工夫して、さまざまなステークホルダーとダイアログを重ねていくのが有効だ。

ダイアログは、単なる勝ち負けを決める「ディベート」や互いの立場をぶつけ合う「ディスカッション」とは趣が異なり、もっと創造的で協働的なコミュニケーションのあり方である。それは、オープンな態度で相手の意見を傾聴し、ひらめきや新しい視点・意味付けなどを得る、またそうした発見を財産として積極的に相手と共有するなどのコミュニケーション形態を指す。さまざまなステークホルダーとのダイアログは、一過性のものではなく継続的に社内外の関係者を巻き込みながら実施していくことで、はじめて大きな効果を生む。

この点、最近はステークホルダー・ダイアログと称してさまざまなステークホルダーとの対話の機会を設ける企業が増えてきているのはよいことだ。ただし、本当の意味でのダイアログになってるか、CSRレポートに掲載するためのアリバイ的なダイアログではないかなど、その中身には注意すべき課題も多い。また、最近の傾向としてステークホルダーの中でESG投資家との対話の機会が急増している。いきおい、企業の関心がESG投資家やESG格付・評価機関に偏っていく傾向がある。投資家側の対話力不足の問題もあるが、企業が良いESG評価をもらうためのテクニックを磨くことに走る傾向が見られ、本来のダイアログとはかけ離れた「対話」になってしまっている例も少なくない。

前出の経団連のアンケート調査でも、ESG情報などを開示している理由として、最も当てはまるとする答えは圧倒的に「投資家や格付・評価機関への対応のため」である。それとは反対に、例えばNGO・NPOとの建設的な対話は、一番少ない。ステークホルダー・ダイアログは投資家とだけやればよい、というものではない。特に市民社会組織とのオープンな対話は、社会的課題解決に向けた新たなビジネスソリューションを生み出すうえで有効であり、今後SDGsへの取り組みには特に必要なことだと考える。

●図表２－16－３　ESG情報などを開示している理由

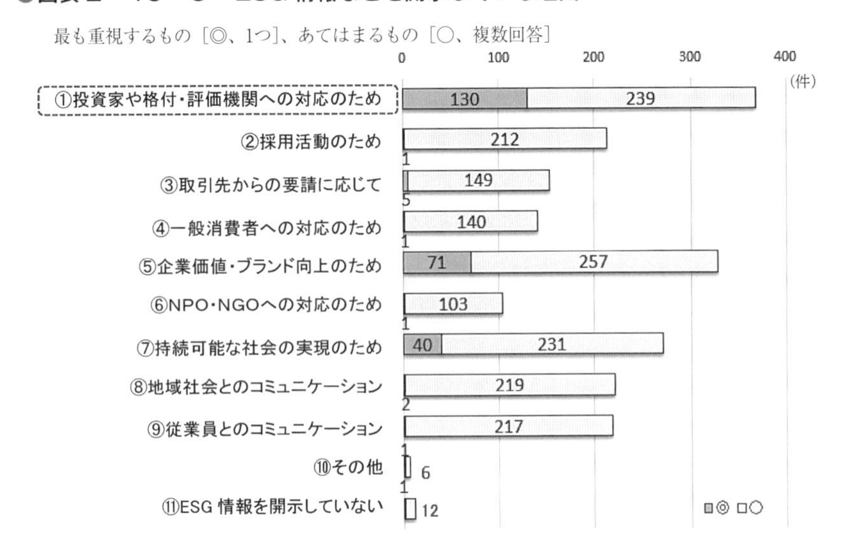

出典：「企業行動憲章に関するアンケート調査結果」（経団連、2018年７月）

●図表２－16－４　ステークホルダーとの建設的な対話への取り組み状況

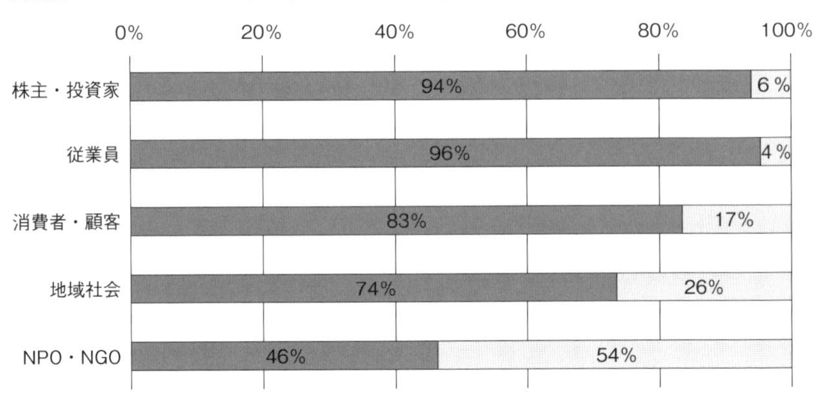

出典：「企業行動憲章に関するアンケート調査結果」（経団連、2018年７月）

手前みそになるが、損保ジャパン日本興亜ではステークホルダー・ダイアログの重要性を実感して、長い間実践してきている。SDGs に関連するマテリアリティ（取り組み重要課題）の抽出にも、国内外の CSR 有識者、国際機関、ESG 投資家、行政、NPO／NGO、消費者、代理店、労働組合など、幅広いステークホルダーとの16回のダイアログの機会を活用した。また、CSR レポートの第３者意見書を書いていただいているIIHOE（人と組織と地球のための国際研究所）川北秀人氏には、経営トップをはじめ社内各部署との対話を継続していただいている。市民社会の視点からの問題点指摘に加え、取り組みのヒントやインスピレーションも数多くいただいた。

忘れられないのは、2001年に川北氏に勧められて、当社の環境報告書を読む会を開催した時の経験だ。初めて一般市民の参加者と膝を突き合わせて行ったステークホルダー・ダイアログでは、目からうろこの発見や気づきがいくつもあった。参加者にも当社の取り組みを深く理解してもらう機会になった。あの新鮮な体験はいまだに強く印象に残っている。会社としてステークホルダー・ダイアログの価値を理解し、その後継続実施する原点となった会である。

SDGs を経営に統合することが求められる、SDGs 経営の時代の企業戦略は、CSR は、どうあるべきだろうか。一つ確実に言えるのは、社会をトランスフォームするためには、企業自身も大きく変わる必要があるということである。アウトサイド・インで長い時間軸での戦略を描き実践する前提として、あるいはそのことと併行して、NPO・NGO など市民セクターの視点や、持続可能な未来に向けた国際的行動要請なども活用して自らをトランスフォームしていくことが求められる。そこではステークホルダーとの対話を通じた、継続的なラーニング・プロセスが欠かせない。

あとがき

筆者は、勤務先の安田火災（現・損保ジャパン）で2001年に地球環境部への異動を命じられて以来、このサステナビリティの分野に関わってきた。これまで、自社内での推進だけではなく、CBCCや企業行動憲章タスクフォースなど経団連のCSR関連イニシアチブに関わりつつ、社会的責任の国際規格ISO26000規格策定、国連グローバルコンパクト、WBCSD（持続可能な発展のための世界経済人会議）などのサステナビリティのイニシアチブにも関わって、グローバルな潮流の中に身を置いてきた。

その間、一貫して感じているのは、サステナビリティの主流化が世界の明確な傾向になってきていることである。時間をかけて、企業経営における周辺事項からど真ん中に据えられるようになってきた。先進国だけではなく途上国まで浸透し、課題の範囲も環境問題だけではなく人権や貧困問題にまで広がり、担い手も企業だけではなくすべての組織の社会的責任としてとらえられ、サステナビリティは政策決定、投資の意思決定、消費者の選択、企業の戦略へと組み込まれてきている。

その流れの中で起きているのが、昨今のSDGsへの顕著な関心の高まりだ。特に企業の果たす役割に注目が集まっている。2018年７月にニューヨークの国連本部で開催された、３回目となるSDGビジネスフォーラムには、前年に続き筆者も参加した。650人収容の会場に、何と4,000人が参加を希望した。前年の2.5倍、初年度からは10倍という急増ぶりである。この現象は、世界中で、特に企業セクターにおいてサステナビリティの主流化が急速に進んできていることの一つの表れだと感じる。

ただ一方で、SDGsの本質は必ずしも幅広い層に理解されてはいないと感じることが多い。その点で言えば、SDGsよりも10年以上前に生まれているCSRの本質的理解も未だに十分とは言えない。そこで、これだけの関心を集めるSDGsとは何か、CSRとはどういう関係なのか、理解を広めたいというのが本書執筆の動機であった。

SDGsとは何か、それをひと言でいうなら、「人間が人間らしく、尊厳を持って生きることができる社会」をつくるために必要なことだ。というと抽象的すぎると思われるかもしれないが、これこそがSDGsの本質である。SDGsの企業経営への組み込みは、マニュアルに従って機械的にできるようなものではない。理念や原則を含めた本質を理解し、何をすべきか自分の頭で考え抜くことが必要だ。本書は企業に焦点を当てているが、本文で何度も触れたようにSDGsは企業だけが取り組めばよいものではない。SDGsの本質への共通理解をもって、社会のいたるところで、すべての人がひと事ではなく我が事として取り組むことが必要だ。

SDGsを正しく理解できれば、企業は経営戦略に組みこんでそれを成長の柱とし得る。地方自治体も、将来の生き残り戦略を描ける。しかし描いた戦略の実践に必要なのは、自分で考えて行動する人を育むことである。筆者は大学でも教えているが、SDGsやCSRに対する理解を深め、浸透させる教育の重要性を痛感している。本書を通じて若い世代が世界の課題を知り、自分は何ができるかを考え行動を起こしてほしいと思う。SDGs、CSR、ESG、CSVなどいろいろな言葉があって戸惑うかもしれないが、それらはサステナビリティという一つの共通軸をもつ。言ってみれば、いずれもがSDGsを達成するために必要な行為を導く概念だ。目的志向での行動を促すSDGsが、さまざまな概念を一つに収れんさせる。

なお、本書に書いたことは当然ながら、筆者が学び経験した範囲での個人的見解に基づくものである。所属組織や関係組織の公式見解ではない。もちろん、これが唯一の正しい解釈だと主張するつもりもない。読者が疑問や問題意識を持ってより深く考えるきっかけになって欲しいと願って書いたものだ。

こうして自分自身の知識や思考を体系化してひとつの形にまとめることができたのは、お世話になった会社で、経団連など社外の活動で、そして2013年以降携わることになった大学での教育・研究において、意見交換し、また学びの機会や貴重な示唆をいただいた数えきれない方々のおかげである。なかでも、本書で紹介させていただいたように、ISO26000や企業行動憲章のタスク、CBCC や CSR 委員会・部会の活動など、長年にわたって経団連の CSR 推進活動に関わって得たものはとても大きい。部会やタスクのメンバー企業の方々とともに学び議論し、あるいはミッションに出かけて行って世界中のステークホルダーと対話を続けてきたことが大いに役に立っている。関係者の皆様には心より感謝を申し上げる。そして何よりも、本書が日の目を見ることができたのは、出版を勧めていただき、遅れがちな原稿執筆を辛抱強く待ち続けてくださった、第一法規出版編集局の石川道子さんのおかげである。心よりのお礼を申し上げたい。

酷暑の夏となった東京にて
2018年 8 月

関　正雄

参考文献リスト

No.	文献名	出版年
1	ドネラ H. メドウズ「成長の限界—ローマ・クラブ『人類の危機』レポート」ダイヤモンド社	1972
2	環境と開発に関する世界委員会、大来佐武郎（監修）「地球の未来を守るために」福武書店	1987
3	ステファン・シュミットハイニー、BCSD 「チェンジング・コース—持続可能な開発への挑戦」ダイヤモンド社	1992
4	松岡紀雄「企業市民の時代—社会の荒廃に立ち向かうアメリカ企業」日本経済新聞社	1992
5	坂本義和「相対化の時代」岩波書店	1997
6	藤井敏彦「ヨーロッパの CSR と日本の CSR—何が違い、何を学ぶのか。」日科技連出版社	2005
7	ジェフリー・サックス「貧困の終焉—2025年までに世界を変える」早川書房	2006
8	谷本寛治「CSR　企業と社会を考える」NTT 出版	2006
9	アマルティア・セン「人間の安全保障」集英社	2006
10	谷本寛治「SRI と新しい企業・金融」東洋経済新報社	2007
11	ジョン・エルキントン・パメラ・ハーティガン 「クレイジーパワー　社会起業家—新たな市場を切り拓く人々」英治出版	2008
12	功刀達朗・野村彰男「社会的責任の時代—企業・市民社会・国連のシナジー」東信堂	2008
13	大久保和孝・髙巌他「会社員のための CSR 入門」第一法規	2008
14	大久保和孝・菱山隆二他「会社員のための CSR 経営入門」第一法規	2008
15	堤未果「ルポ 貧困大国アメリカ」岩波書店	2008
16	経営倫理実践研究センター 日本経営倫理学会 CSR 研究部会（編著） 「ビジネスマンのための CSR ハンドブック」PHP 研究所	2009
17	社会的責任向上のための NPO/NGO ネットワーク（編） 「これからの SR—社会的責任から社会的信頼へ」社会的責任向上のための NPO/NGO ネットワーク	2010
18	植田和弘・大塚直（監修）「環境リスク管理と予防原則—法学的・経済学的検討」有斐閣	2010
19	堤未果「ルポ 貧困大国アメリカⅡ」岩波書店	2010
20	阿部治・川嶋直「次世代 CSR と ESD—企業のためのサステナビリティ教育」ぎょうせい	2011
21	関正雄「ISO26000を読む」日科技連出版社	2011
22	天児慧（編著）「アジアの非伝統的安全保障Ⅰ総合編」勁草書房	2011

23	天児慧（編著）「アジアの非伝統的安全保障Ⅱ中国編」勁草書房	2011
24	企業と社会フォーラム（編）「持続可能な発展とマルチ・ステイクホルダー」千倉書房	2012
25	塚本一郎・関正雄（編著）「社会貢献によるビジネス・イノベーション」丸善出版	2012
26	藤井敏彦「競争戦略としてのグローバルルール　―世界市場で勝つ企業の秘訣」東洋経済新報社	2012
27	ビバリー・シュワルツ 「静かなるイノベーション―私が世界の社会起業家たちに学んだこと」英治出版	2013
28	藤井良広「環境金融論―持続可能な社会と経済のためのアプローチ」青土社	2013
29	髙巖「ビジネスエシックス［企業倫理］」日本経済新聞出版社	2013
30	菅原絵美（著）、部落解放・人権研究所企業部会（編）「人権 CSR ガイドライン企業経営に人権を組み込むとは」解放出版社	2013
31	谷本寛治「責任ある競争力」NTT 出版	2013
32	堤未果「（株）貧困大国アメリカ」岩波書店	2013
33	ジョン・ジェラルド・ラギー 「正しいビジネス―世界が取り組む『多国籍企業と人権』の課題」岩波書店	2014
34	岩井克人・小宮山宏「会社は社会を変えられる」プレジデント社	2014
35	損害保険ジャパン・損保ジャパン環境財団・損保ジャパン日本興亜リスクマネジメント（編著）、西岡秀三・植田和弘・森杉壽芳（監修）「気候変動リスクとどう向き合うか」きんざい	2014
36	マーク・J・エプスタイン、クリスティ・ユーザス 「社会的インパクトとは何か　―社会変革のための投資・評価・事業戦略ガイド」英治出版	2015
37	三橋規宏「自分が変わった方がお得という考え方―日本新時代のキーワード」中央公論新社	2015
38	CSR 検定委員会「CSR 検定３級公式テキスト2016改訂版」オルタナ	2016
39	塚本一郎・金子郁容「ソーシャルインパクト・ボンドとは何か」ミネルヴァ書房	2016
40	小西雅子「地球温暖化は解決できるのか」岩波書店	2016
41	足達英一郎・村上芽・橋爪麻紀子「投資家と企業のための ESG 読本」日経 BP 社	2016
42	田中治彦（他）「SDGs と開発教育」学文社	2016
43	ヨーラン・スバネリッド「スウェーデンの小学校社会科の教科書を読む―日本の大学生は何を感じたのか」新評論	2016
44	佐藤真久（他）「SDGs と環境教育」学文社	2017
45	CSR 検定委員会「CSR 検定２級公式テキスト」オルタナ	2017
46	アマルティア・セン「貧困と飢饉」岩波書店	2017
47	環境情報科学46-４「特集：長期的環境ガバナンスに向けた道具と仕組みの開発」 環境情報科学センター	2017
48	蟹江憲史「持続可能な開発目標とは何か」ミネルヴァ書房	2017

49	進藤榮一・朽木昭文・松下和夫 「東アジア連携の道をひらく—脱炭素社会・エネルギー・食料」花伝社	2017
50	水口剛「ESG 投資新しい資本主義のかたち」日本経済新聞出版社	2017
51	日能研教務部 「SDGs 国連　世界の未来を変えるための17の目標—2030年までのゴール」みくに出版	2017
52	川北秀人「ソシオ・マネジメント第５号 自社と社会の持続可能性を高める経営者のために ベスト・プラクティスから学ぶ CSR マネジメント」IIHOE［人と組織と地球のための国際研究所］	2017
53	関正雄「今、企業が知っておくべき SDGs～企業経営にどう生かすか～」（会社法務 A2Z 2017年５月号）第一法規	2017
54	岡本大輔「社会的責任と CSR は違う！」千倉書房	2018
55	環境法政策学会編「転機を迎える温暖化対策と環境法」商事法務	2018
56	足達英一郎・村上芽・橋爪麻紀子「ビジネスパーソンのための SDGs の教科書」日経 BP 社	2018
57	長谷川直哉「統合思考と ESG 投資」文眞堂	2018
58	関正雄「SDGs と経団連『企業行動憲章』の改定」（会社法務 A2Z 2018年７月号）第一法規	2018
59	関正雄「国際行動規範をいかに内在化するか～SDGs を経営に統合するために～」（季刊労働法262号（2018/秋季））労働開発研究会	2018
60	関正雄「“自分事”として考える SDGs」（KINZAI Financial Plan 403号（2018年９月））きんざい	2018
61	佐藤真久・関正雄・川北秀人（編著）「SDGs 時代のパートナーシップ—成熟したシェア社会における力を持ち寄る協働へ」学文社	2020
62	塚本一郎・関正雄（編著）「インパクト評価と社会イノベーション—SDGs 時代における社会的事業の成果をどう可視化するか—」第一法規	2020
63	蟹江憲史「SDGs（持続可能な開発目標）」中央公論新社	2020
64	長有紀枝「入門 人間の安全保障 増補版—恐怖と欠乏からの自由を求めて」中央公論新社	2021

索引

アルファベット

あ行

か行

さ行

著者プロフィール

関 正雄（せき・まさお）

明治大学経営学部 特任教授
損害保険ジャパン（株）サステナビリティ推進部　シニアアドバイザー

1976年東京大学法学部卒業、安田火災海上保険（現・損保ジャパン）入社。2001年以来、社内でCSR推進に関わる。理事・CSR統括部長を経て、同社サステナビリティ推進部シニアアドバイザー、明治大学経営学部特任教授。その間、ISO 26000日本産業界代表エキスパートとして、社会的責任の国際規範づくりに関わる。国内でも、環境、サステナビリティや社会的責任に関する各省庁委員等を歴任。SDGsを組み込んだ2017年の経団連企業行動憲章改定には座長として関わるなど、産業界へのSDGs浸透に尽力。経団連CBCC企画部会長、経団連企業行動憲章タスクフォース座長、持続可能な開発目標（SDGs）ステークホルダーズ・ミーティング構成員（環境省）、ESD活動支援企画運営委員長（文部科学省・環境省）、国連グローバルコンパクトCaring for Climate企画委員、東京オリンピック・パラリンピック「街づくり・持続可能性委員会」委員などを務める。

著書

「ISO26000を読む」（日科技連出版社、2011年）、編著に「社会貢献によるビジネスイノベーション」（丸善出版、2012年）、「SDGs時代のパートナーシップ」（学文社、2020年）、「インパクト評価と社会イノベーション」（第一法規、2020年）、共著に「SRIと新しい企業・金融」（東洋経済新報社、2007年）、「会社員のためのCSR経営入門」（第一法規、2008年）、「環境リスク管理と予防原則」（有斐閣、2010年）、「企業の社会的責任と人権の諸相」（現代人文社、2010年）「気候変動リスクとどう向き合うか」（きんざい、2014年）、「ソーシャルインパクト・ボンドとは何か」（ミネルヴァ書房、2016年）、「［新］CSR検定第2級公式テキスト（第3章「CSRを経営にどう統合するか」）」（オルタナ、2018年）ほか。

新聞等連載

日経産業新聞　「『社会的責任』世界の視点」（2011年7月～11月、全18回）
日経産業新聞　「SDGs時代の企業責任」（2016年11月～12月、全18回）
alterna CSR monthly　「実践CSR経営」（2013年2月～2014年12月、全23回）

サービス・インフォメーション

通話無料

①商品に関するご照会・お申込みのご依頼
TEL 0120(203)694／FAX 0120(302)640
②ご住所・ご名義等各種変更のご連絡
TEL 0120(203)696／FAX 0120(202)974
③請求・お支払いに関するご照会・ご要望
TEL 0120(203)695／FAX 0120(202)973

●フリーダイヤル(TEL)の受付時間は、土・日・祝日を除く9:00〜17:30です。
●FAXは24時間受け付けておりますので、あわせてご利用ください。

SDGs経営の時代に求められるCSRとは何か

2018年11月15日　初版発行
2021年7月30日　初版第4刷発行

著　者　関　正雄

発行者　田中英弥

発行所　第一法規株式会社
〒107-8560　東京都港区南青山2-11-17
ホームページ　https://www.daiichihoki.co.jp/

デザイン　タクトシステム株式会社
印　刷　大日本法令印刷株式会社

SDGs時代　ISBN 978-4-474-06171-2　C2036 (3)